U0681046

献给

人间清醒的

你

人间清醒

底层逻辑和顶层认知 ❷

水木然 ◎ 著

浙江人民出版社

目录
CONTENTS

第一章 · 见

自己

第三章·见

众生

- -

3

见众生

接纳人性的弱点，开始理解并拥抱他人。

见天地

洞察世界的真相，
按照规律去做事。

见自己

发现自己的
局限，开始
自我审视和
反省。

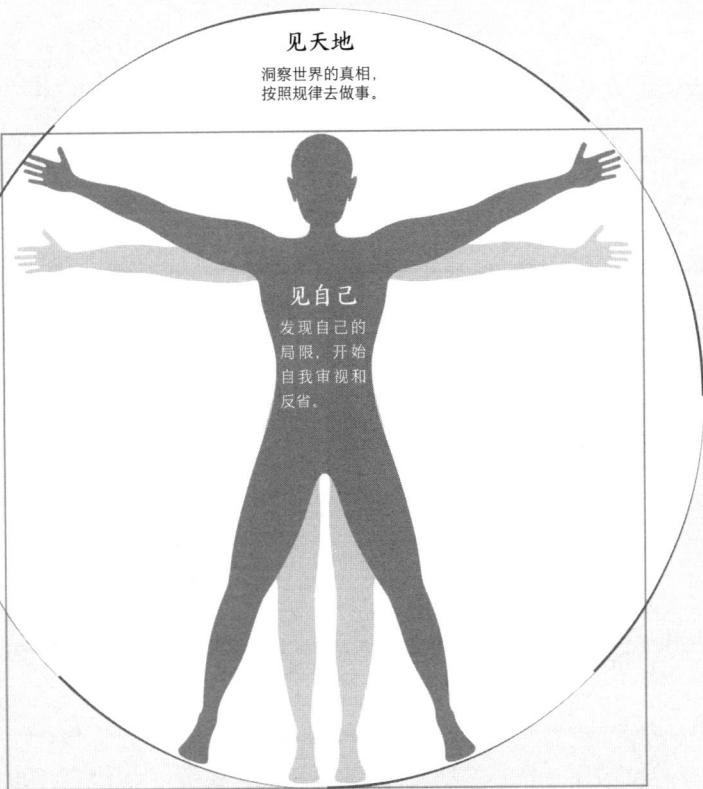

人生的三次觉醒：

第一次：见自己，可以明归途，所以豁达。

第二次：见天地，可以知敬畏，所以谦卑。

第三次：见众生，可以懂怜悯，所以宽容。

第一章 · 见自己

认知升级

认知突围

认知逆袭

认知升级

读书的意义

稀缺的本质

稀缺的意义

名　利

远　见

表　达

允　许

交　流

定　义

"知天命"

主动吃苦

为什么我们读了那么多道理，却依然过不好这一生？

读书的意义

————

最近这几年，越来越多的人都喜欢跟各种知识大咖学习，比如某某读书会，然后广泛地引用他们的观点和名句，这究竟是一种什么样的文化现象？

现在这个时代有两种人：

第一种是少数人，他们有读书的习惯。第二种是大多数人，他们不再读书。

而知识大咖的崛起，最大的价值就是让那从来不读书的大多数人，变成了看起来像爱读书的少数人。

毕竟在这个时代，"爱学习、有认知、有深度"是一个人极具魅力的标签之一，而这些内容的流行恰恰满足了这部分人的需求，也就是让他们至少看起来像一个"爱学习、有认知"的人。

为什么网上很容易流行各种"阴谋论"？因为阴谋论让那些脑子简单的人看起来脑子没那么简单了。同样的逻辑：为什么这些"知识快餐"特别流行？因为这让那些从不会"深度思考"的人，看起来也会"深度思考"了。这也是这些内容流行的最大价值。

与其说人们是在追求知识，不如说人们在追求谈资。所谓谈资就是供人们社交时候可以炫耀的内容，用来增加自己的身份标签。

从学习方面来说，最能帮人形成独立思考能力并提升认知的内容分为四个阶梯：

第一是经典书籍，而且一定是流传了几百年乃至数千年的书，其价值已经被历史证明。经过大浪淘沙、历史考证的内容，才称得上是经典。

第二是深刻文章，那些冷静理性又精练深刻的文章，让人读完醍醐灌顶，发人深省。

第三是知识快餐，也就是像很多知识大咖这样的二次加工内容，他们通过拆书、形象的表演、现场制造对立冲突，以实现传播的效果。

第四是流行短视频，也就是将网上摘抄的文章做成的短视频，搭配夸张的音乐和画面。这样的内容擅长制造情绪、渲染气氛。

而当下最为流行的就是第三种——知识快餐，它让大众趋之若鹜，却又让那少数的顶层思考者不屑一顾。

就像有人说的那样：如果一开始就给你一堆瓜子仁、甘蔗汁、无人驾驶汽车，那你就永远学不会自己嗑瓜子、啃甘蔗、开车。

稀缺的本质

我们先来看一个有趣的现象：

小区里十几万元的车子都喜欢用罩衣罩着，生怕日晒雨淋；而那些五十万元以上的车子都随便停放在那里。

十几万元车子的车主，都喜欢在车里放置各种挂件，而五十万元以上的车基本上干干净净，除了一些私人物品不会额外装置其他的。

这是为什么呢？

其实这是因为不同阶层的人关注焦点不一样：

普通人关心的都是这顿吃什么，今天穿什么，下班后去哪里玩，所以他们的生活显得很丰富。而有钱人关心的不是这些生活细节，而是宏观的层面，比如公司该怎么调整战略，行业趋势是什么，政策是否会变化，等等。

人无远虑，必有近忧。当一个人没有长远规划和考量的时候，就只会关注眼前的小事情，对各种细节无比挑剔。当一个人眼里全是长远战略布局的时候，就会不拘于眼前的细节。

不同阶层的人关注的侧重点不一样，注意力分布不一样。每个人的时间和精力都是有限的，并由此形成一个带宽。带宽被占用得越多、留下的空闲就越少、去做更重要事情的精力和时间就越少。而有钱人总是把决策放在那些更少但更有价值的事上。

如果你为每天吃什么或者穿什么而烦心，说明你是典型的"穷人思维"，因为没有更重要的事等着你。

为什么很多成功人士穿的衣服都很简单呢？因为他们把大部分精力放在了重要事情的决策上。

的确，大多数人都把生命和时间浪费在各种小事上，在大事上却马马虎虎，从不深思熟虑。

再举个例子，同学聚会的时候，资产丰厚的人大多衣着平平，而很多条件一般的人，非常注重外在的消费，比如发型、衣服、包包、香烟、手机、车子等。

在谈论的话题方面，也有明显的差异。资产丰厚的人聊的更多是小孩的教育、旅游见闻、经济投资等抽象的话题。而经济条件一般的人，聊的更多的是衣服品牌、手机品牌、多少年终奖等具体的话题。

这说明穷人关注的大多是日常选择问题，都把精力放在生活细节上了；富人关注的是宏观的格局和趋势问题。

稀缺的意义

股神巴菲特最崇拜的运动员叫泰德，被称为"史上最佳击球手"。

棒球运动员分为两类：一类是什么球都打，每次击球都全力以赴；另一类人则只打高概率的球。世界排名前十的击球手都是后面这类人，而泰德就是这类人中的高手。

泰德只打那些处在"甜蜜区"的球，至于那些看不上的球，即使嗖嗖从身边飞过，他也可以完全忽略。

这种策略听起来简单，但在实际比赛中非常难操作。要知道比赛时会有几万名观众看着你，当球从你身边飞过，你如果不打，就会受到全场的嘘声。当然，你每赢一球都会迎来巨大掌声，这种掌声让人心花怒放，让人沉醉，这也是当运动明星的乐趣。

但正是这种乐趣和掌声限制了很多人的高度，他们只停留在某个水平。而那些能够坚持"只打高价值的球"的运动员，才能成为顶级的运动员。这需要极强的定力和内心，其实就是战胜人性。

巴菲特就把这种策略应用到了投资领域，形成了自己独特的投资哲学：只投资高价值的公司，其他的完全不看。

另外一个持有同样理念的人就是索罗斯，他的投资策略就是：专攻要害，一击致命，抓住一个机会把所有的钱都押上去。1992 年索罗斯大战英格兰银行，他赌上全部身家再加上杠杆，最终大获全胜。

喜欢打麻将的人其实都知道，一场牌打下来，糊多次小牌的人，往往不如糊一次大牌的人赢的钱多。

其实，人的时间、经历、智商都是差不多的，高手之所以比普通人做得更好，最大的秘诀就是"专注"，或者说是一种价值定位并敢于舍弃的能力。

在任何一个行业，那些做得最好的人，往往不是做得最多的，而是那些做得次数少、单次价值却很高的人。真正的高手都具备一种深思熟虑后做选择的战略能力——做那些"更少但是更重要"的事。

但这对人来说，往往是反本能的。人性使然，当那些蝇头小利摆在我们面前时，我们往往不愿意错过，最后就陷入追逐这些细枝末节中，于是很多大的机会就从我们身边溜走。

如何突破呢？

首先，一定要建立"时间价值"的概念，你必须把你的时间和智慧都用在那些"更少但更关键"的事情上。

其实，提升自己做决策的层次。方法很简单，你只需要关注更高层次的选择就可以，比如原来你只是公司的一个人事专员，负责招人和面试，现在你可以尝试着给公司的每一个员工做合理的定位和规划，等你可以做到这一点的时候，就是人力总监了。下一步你考虑的就是如何将大家的合力发挥得更好，于是就可以成为副总了，很多人就是这样一步步做到了 CEO 的位置。

最后送给大家两句话：大事要清醒，小事要糊涂。在大事上，我们一定要多思考，多花精力；在小事上，我们切不可斤斤计较，要做到洒脱，难得糊涂。

名　利

———

为什么有的人一生都在求名利，而有的人终生淡泊名利？

因为每个生命的修行阶段不一样。那些淡泊名利的人，比如修行者、布道者，往往是因为他们已经处于修行的后半段，开始追求精神体验，不断接近生命的超脱。

那些一直在追名逐利的人，比如一生为钱而奔波，信奉物质至上，往往是修行的资历还比较浅，还处于修行的前半段。他们的生命体验中还不曾拥有过这些，所以就要追求这些。当他们拥有过，就容易放得下。

宇宙间有一个微妙的法则：高维决定低维，无形决定有形。天地不仁，以万物为刍狗；圣人不仁，以百姓为刍狗；高维不仁，以低维为刍狗。

一个人要想改变命运，有三个出路：

一是勤奋刻苦，打怪升级，累生累世地去修行，每次进步一点点。

二是成为大神的棋子，为他们所用，完成其他人不敢完成的任务。

三是不断地内观，找到自己的使命和天赋，并用好这两个杠杆。

远 见

———

如果把香蕉和金钱放在猴子面前，猴子一定会选择香蕉，因为猴子不知道，金钱可以买很多香蕉。

我们会嘲笑猴子的无知，但其实我们也经常犯这种低级错误。

如果把金钱和认知放在人面前，人们往往会选择金钱，因为太多人不知道，认知不仅可以换来很多金钱，还能换来幸福，甚至健康。

人和猴子一样，总是容易被看得见的、眼前的小利益吸引，却不愿意去思考它们背后的东西，这是动物的基本属性。

人们总认为生活中的烦恼是没钱导致的。没钱只是一种结果，它往往是认知不足导致的。人们往往只盯着没钱这个表象，而不愿意去思考它产生的过程。

改变过程才能改变结果。

表 达

———

我们每天都在表达，但是真正懂表达的人寥寥无几。绝大部分人滔滔不绝地说话，不仅没有表达好自己，没有说服别人，反而让别人觉得反感。

请永远记住一句话：人们迫切表达的，永远不是内容本身，而是背后迫切被理解的心情。

必须搞清一个问题：说法重要，还是结果更重要？内容重要，还是态度更重要？表达只是一个工具，我们要的是表达背后的结果。

表达的最高境界，是用你的态度、能量去感染别人，用你的语言振动频率去引发别人的共鸣，从而实现你的目的，而不是用你的话去获取存在感。

允 许

———

别人如何对待你，都是经过你的允许，都是你教的。任何一段糟糕的关系，都有你的功劳。没有你的允许，没人能伤害你。

人与人之间有一种无形的力量在互相影响，你进我退，你退我进。你的姿态和态度，决定了别人用什么样的态度对待你。

在生物学与心理学的角度，如果你昂首挺胸、笔直站立，你的身体就会分泌更多的血清素，我们也变得坚定而放松，不怒自威，同时散发一种气场，让身边的人对你产生敬畏之心。他们更愿意倾听、相信，甚至是接纳和臣服，给予你尊重。

如果你萎靡不振、优柔寡断、畏首畏尾，语言躲躲闪闪，这个时候你的血清素会分泌不足，气场就会很弱，也向周围发出了一个信号：你很容易被踩挤和拿捏，那么他们就会不自觉地入侵你，甚至想左右你。

太过心软，别人就得寸进尺；城门大开，别人就直接闯入。你无害人之心，不意味着别人亦无伤人之意。你越是好脾气地步步退让，对方就越会理直气壮地步步紧逼。

交　流

———

当两个人在说话的时候，其实有六个人在交流。不要害怕，那四个人不是鬼，而是衍生的"假人"。

一个是真正的你；一个是你以为的你；一个是我以为的你；一个是真正的我；一个是我以为的我；一个是你以为的我。

你以为的你，并不能代表真正的你，更何况是我以为的你。我以为的我，并不能代表真正的我，更何况是你以为的我。所以，两个人的交流看似简单，其实被各种假象和影子搅乱。这就是两个人看似距离很近，心却很远的根本原因。

道生一，一生二，二生三，三生万物。所谓万物，其实是假象和曲解。

《金刚经》里说：佛说法，即非法，是名法。意思是：佛说的每一句话，都只是为了描述一个东西而强加的说法，但我们不能揪着这个具体的说法不放。

《道德经》里说：道可道，非常道；名可名，非常名。意思是：凡是能用语言表达出来的道理，就已经曲解了道理本身。

综艺节目《奇葩说》里也有句话：被误解是所有表达者的宿命。

心生万法，心生万象，唯有回归自性的两个人，才能真正地交流。而这时已经不需要语言，因为一张口就"着相"了，就会掉到假象里。一般来说也只有真正的知己才能做到这一步。

定　义

────

如果有人问我：活到现在，什么事情才是最重要的？

之前我还需要思考一下再回答，而现在我会毫不犹豫地回答：人生就像投资品一样，是存在均值回归的。

那个均值，就是你内心最深处的冲动，是你最原本的样子，也是你内心最想成为的样子。无论我们遇到什么事，经历了什么，最后都会朝着这个方向回归。

在一个自由度越来越高，束缚越来越小的社会，到底什么事情决定了你要走的路呢？思考一下身边人：到底是什么东西，让一些学生时代看起来特别优秀的人，后来成了特别平凡的人？而又让那些小时候平平无奇的人，后来做出了意想不到的成就。其实就是两个字——"真我"。

一个人如果能够唤醒内心深层的那个"真我"，就一定可以成为一个很优秀的人。

即使你毕业的时候成绩优异，获得了一份高薪、高压的工作，如果那份工作并不是你最想干的事，你早晚也会因为厌倦和压力而放弃这份工作。如果你最热爱的是写作，即使你学的是理工科，早晚有一天你会用闲暇时间去写作，而且会因为做得很好而放弃原来的工作。

这就是"真我"回归。遗憾的是，绝大多数人都不能从学校、老师、家长那里得到这个提醒：人生最重要的事情是认识自己。我是谁？我的性格如何？我的天赋是什么？

怎么寻找"真我"呢？两个词：内观，自省。学会了内观，就能时刻觉察自己；学会了自省，就能时刻矫正自己。这两个动作帮我们抵达"真我"。让我们清楚看见自己的阻碍，成为更好的自己，抵达自己的彼岸。

"知天命"

太多人喜欢拿"顺其自然"来敷衍人生道路上的荆棘坎坷，却不愿意承认，真正的"顺其自然"是竭尽所能之后的不强求，而非在困难面前两手一摊的不作为。

很多人喜欢用"我信命了"为借口，找各种风水大师和算命大神去问路，却不承认这是一种懦夫行为。因为他们放弃了现实中的努力，在困境面前选择了退缩，不愿意脚踏实地往前走，却总是期待通过大师的指点，走向逆天改命之路。这不是信命，这是偷懒、是找捷径、是守株待兔。

真正的信命，是尽人事之后而听天命。所谓尽人事，就是自己全身心地去奋斗和拼搏，不断地提升自己的能力和智慧，然后再去破解现实中的困难，最后再把结果交给老天。

先有一种"我命由我不由天"的魄力，再有一种"不知命，无以为君子也"的豁达，才是真正的"知天命"。

主动吃苦

————————

人生就是一场修行。修行的本质，就是"主动吃苦"。奋斗的本质，就是用"主动吃苦"来取代"被动吃苦"。一旦远离了"被动吃苦"，就远离了很多痛苦。

因此，你主动吃苦的层次，决定你的修行层次：

第一层：独立思考，吃大脑的苦。第二层：读书学习，吃寂寞的苦。第三层：克制精进，吃自律的苦。第四层：卧薪尝胆，吃尊严的苦。第五层，不走捷径，吃实干的苦。第六层：毫不松懈，吃目标的苦。

你到了第几层呢？

为什么我们读了那么多道理，却依然过不好这一生？

原因很简单：你知道的"答案"和"结论"太多了。

很多知识大咖直接把他们认为的"答案"和"结论"全部告诉了你，让你省去自己思考和吸收的过程。于是，你看到的往往都是现成的结论和道理。这就是学习的捷径。可是，你要知道，每一条捷径的背后往往都有一个坑。

读书的时候，语文阅读理解分值最高的题一般都是从文章中总结中心思想或用一句话概括文章大意，但绝不会直接给你一个已经总结好了的中心思想，让你去背诵默写。

记住：别人告诉你的道理都不能真正属于你，只有某一天你心头忽然浮现出某个道理的时候，那才是你人生真正的答案。

如今这个时代，各种知识大咖、各种培训大师都在争先恐后地告诉我们各种"结论"和"答案"。于是，满屏都是结论，到处都是答案，但我们却找不到问题在哪里了……

事实上：我们所学到的知识与技巧，其实并不属于自己。只有在某一刻，它与我们的经历结合，让我们突然明白：原来是这样的！这时，它才真正成为我们的东西。

那些直接给你答案的人，其实是变相地掌控你的心智，他们抓住人性不喜欢主动思考的弱点，打着帮你直接解决问题的幌子，操控你的行为，然后用套路收割你。

认知突围

人类大脑进化论

读懂人类大脑的进化论，就能对我们的日常行为习惯有更加深刻的理解，从而可以更好地精进自身。

几十亿年前，地球上出现了生物。直到 3.6 亿年前，爬行动物进化出了本能脑。本能脑的最大特征就是应激反应，它使生物能够根据环境的变化做出本能的反应，帮助自己生存。比如，遇到天敌就立刻准备投入战斗，或者做好逃跑姿势，遇到猎物就立刻准备去捕食。

本能脑是没有任何情感或者羞耻心的，只要有利于自己生存繁衍的，只要能满足自己需求的，只要能让自己感觉很爽的，就会立刻去做。

到了大概 2 亿年前，哺乳动物进化出了情绪脑。情绪脑帮助生物有了情绪和情感，为什么要进化出情绪和情感呢？这可以让它们更好地生存，比如上一代开始哺育下一代；比如它们彼此开始关爱，因此变得更团结。

情绪脑让生物学会了发怒、哀鸣、欢叫等，这让生物的行为更加丰富了。情绪可以更好地服务本能，也可以让它们生活得更好。

直到距今约 250 万年前，灵长类的动物出现了理智脑，人类才逐渐诞生了。理智脑是人类和动物最根本的区别，它让人类从哺乳动物中脱颖而出，人类逐渐产生了语言、创造性、传承性等，从此人类在地球上占据了绝对优势。

理智脑虽然相当高级，但比起长达 3.6 亿年的本能脑和 2 亿年的情绪脑来说，它还是太稚嫩了，以至于它跟以上两者博弈的时候，总是被打败。

比如，我们在生活中做的大部分决定，往往源于本能和情绪，而非理智。这其实也是非常正常的，想想我们的祖先吧，他们亿万年以来一直都生活在应急、危险、物质匮乏的环境当中，需要靠抢夺、斗争和捕猎才能活下去，必须借助本能和情绪才得以生存。

然而我们必须明白的是：人类接下来要想继续更好地生存，就必须仰仗理智脑。人类必须理性、文明地对待世界。现在过了物质匮乏的阶段，相反，现在是产能过剩的时代，这时人类不再是无限制满足自己的欲望，而是应该学会克制自己的欲望，与世界和平相处，而不是一直破坏环境，这就是中国人说的"克己修身"。

对于我们每一个人来说，理智也变得越来越重要。为什么你刷短视频总是停不下来？为什么你看到美食就走不动？为什么你总是沉迷那些低级又肤浅的快乐？那都是你的本能脑和情绪脑在发挥作用。

为什么你遇到事的第一反应往往是生气、着急、紧张？这些不仅不能帮我们解决问题，反而会坏事。为什么你始终无法做到自律，制订好的计划总是被自己打乱？为什么你总想躺平，总在幻想能够不劳而获？依然还是因为本能脑和情绪脑在操控着你。

当然，并不是说让我们永远回避本能脑和情绪脑，毕竟存在即合理。它们还是有价值的，如果没有本能反应，我们就容易受伤害；如果没有情绪反应，人活着就像行尸走肉。只是我们要明白什么时候才适合让它们发挥作用。

这里有个标准，那就是：要让本能脑和情绪脑成为我们的工具，而不是我们成了它们的工具。要让你操控它们，而不是被它们操控。

举个例子，你可以在某个时刻发脾气，那样可以震慑周围的人，但是你虽然表面上在发脾气，内心却要十分淡定。这样就不会做出冲动的抉择。这时情绪就成了你的工具，表面上看是情绪脑在发挥作用，其实是理智脑在发挥作用。

所谓三思而后行、一日三省、冲动是魔鬼，就是指要让我们多用理智脑，尽量避开本能脑和情绪脑。我们所说的人性的弱点，其实基本上都是本能脑和情绪脑在发挥作用。

《道德经》里说：反者，道之动；弱者，道之用。意思是：反人性的行为，往往是符合规律的；只有弱者才一直顺应人性，成为规律的牺牲品。

成长的过程，就是克服人性弱点的过程。谁能做到"反人性"，不断地精进和修身，谁才是强者。

"强者思维"和"弱者思维"的区别

人的思维分为两种，一种是"强者思维"，另一种是"弱者思维"。

所谓"强者思维"，就是发现并遵循世界的客观规律，从而不断地向上进取，这是一种自我救赎的文化。所谓"弱者思维"，就是总把自己放在被救赎的位置，总是渴望通过依赖去生存，是一种期待救世主的文化。

"强者思维"注重的是独立和创造；"弱者思维"注重的是依靠和跟随。"强者思维"专注于客观规律，强调实事求是、自力更生；"弱者思维"专注于人性的弱点，强调互相算计和猜忌。"强者思维"喜欢遵守规则和秩序，期望通过强大解决问题；"弱者思维"则喜欢特权主义，总是期望破格获取，得到恩惠和照顾。

"弱者思维"的五大特点

"弱者思维"有五个特点，分别是：

第一点："弱者思维"对别人的要求特别高。

"弱者思维"对自己的要求特别低，但对别人的要求无限高。对别人的要求高，就会对别人产生无妄的期待，这是"弱者思维"痛苦的根源。因为当他发现别人不能满足自己的期待时，他就会陷入痛苦之中。相反，当一个人实现自我圆满的时候，就很少再对外界和他人有所期待，从此远离了很多痛苦，这也是"强者思维"快乐的根本。

第二点："弱者思维"总是幻想被呵护。

"弱者思维"由于总是在潜意识里把自己放到弱者位置，需要被庇护，从而对周边的任何环境产生依赖，他们甚至幻想牺牲自己的所有，以换来强者的同情和爱。因此，千万不要和"弱者思维"的人谈恋爱或合作，他们只会把你当成他们的救世主，然后黏连上你。他们不仅活不出自我，还会影响你成为你自己。

第三点："弱者思维"习惯于为难更弱的人。

弱者在现实中本来就处于弱势状态，总是被现实和别人刁难，但他们并没有想方设法地让自己强大，反而用一种转移的方式去为难那些更弱的人，以获得心理平衡。

第四点："弱者思维"的自尊心特别强。

很多弱者都有一种保护"自尊"的机制，但凡接触到外界那些优秀的人之后，他们就会收集一切线索去证明别人的成功是侥幸的，如果自己有同样的客观条件，只会比他们更好。弱者总喜欢把各种高高在上的人拉下马，踩在脚下，去践踏他们的光环，以此获得心理上的满足，这种感觉甚至比自己取得成就还快活。仿佛只有这样，才能证明自己的庸俗不是孤立的，并为自己的弱势找到理由。他们宁可证明别人的平庸，也不愿意面对自己的平庸。

第五点："弱者思维"习惯于向别人要答案。

"弱者思维"不喜欢独立思考，总是期待能从外界获得答案或者方法，然后自己直接运用就可以了。很多人利用他们的这种特点，宣传自己这里有他们想要的答案或方法，就可以不断地收割他们。"弱者思维"恨不得能找到一把万能钥匙，让自己不用思考、躺着不动就能把所有问题给解决了。这不叫学习，这叫偷懒。

　　方法是认知提升到一定阶段后，靠自己悟出来的，是靠执行和实践逐渐摸索出来的。无论多么高明的老师或者成功人士，他们最多只能给你一个启示，真正的方法必须靠你自己去悟。

"强者思维"的核心

"强者思维"的核心在于独立成长。当一个人发现只有自己才能帮自己的时候，他就拥有了"强者逻辑"。这就是《周易》里说的"自强不息，厚德载物"。

但是拥有"强者思维"的人很少，因为要做到这需要坚持长期主义，需要拥抱孤独，直面各种问题，因此被很多人本能地抛弃了。"弱者思维"由于专注于各种方法和技巧，即学即用，容易理解和被各种加工。

"强者思维"专注于"道"；"弱者思维"专注于"术"。"强者思维"专注于"长期主义"，是价值创造；"弱者思维"专注于"短期利益"，是投机取巧。

比如第二次世界大战之后，中国是"强者思维"的典型代表，坚决走独立自主的道路，自力更生，坚决不愿意被庇护，无论对方多么强大。这条路走起来看似艰难，最后却会越来越顺，总有一天实现独立富强。

上天偏爱拥有"强者思维"的人。正所谓，自助者，天助之。

当一个人拥有了"强者思维"，从独立走向强大的时候，所有的人都会来帮他。相反，当一个人始终都是"弱者思维"，遇事就祈求别人和外界帮助自己，所有的人都会避开他、远离他。如果你的内在一直在成长，你终有一天会破土而出。如果你一直在外求，那么你只会被埋得更深。

"开悟"

世界就是我们内心信念的一种投射。我们用自己的眼睛、耳朵、舌头等感官系统创造出属于自己的一种"实相"，同时也是一种"假相"。

古今中外所有的经典作品,都在教导我们如何挣脱这个假象。

王阳明在《传习录》里说："你未看此花时，此花与汝心同归于寂。你来看此花时，则此花颜色一时明白起来，便知此花不在你的心外。"即心外无物。

你的"起心动念"创造了你的世界。因为你的心念不同，所以生成了两个截然不同的世界。如果你天天积极乐观，世界就是美好的，就是天堂；如果你整天怨天尤人，世界就是阴暗的，就是地狱。所以，一念天堂，一念地狱。神魔就在一念之间。你变了，世界也就变了。

就好比放电影一样，世界就是银幕，我们的内心就是放映机。银幕上的世界看似多姿多彩，其实都只是我们内心的投射。

要想改变世界很容易，只要能改变自己的心境。明白了这个道理，我们就能读懂古今中外的很多经典思想。

佛曰：一切凡夫，不知人身为五蕴假合，而有见闻觉知之作用，固执此中有常一主宰之我体，一切烦恼障由此而生，便有贪嗔痴等诸惑。意思是：凡夫俗子只看到了世界，却不明白这世界是我们的器官（眼、耳、鼻、舌等）虚构出来的，我们被世界里的很多东西牵挂，比如名利、爱情等，难以割舍，无尽的烦恼就由此而生了。

《孙子兵法》里说：虚则实之，实则虚之。意思是：你看到的虚的，往往是实的；你看到的实的，往往是虚的。

《庄子》里说：嗜欲深者，天机浅。意思是：欲望越重的人，越看不到世界的真相，我们都被欲望蒙蔽了双眼，从而陷入一个巨大的"思维牢笼"，就像盲人摸象。

《圣经》里说：他们有眼却不看，他们有耳却不闻。即便每一个人都有一双眼睛、一双耳朵，却对真理视而不见、听而不闻。

所谓，真到假处真亦假，假到真处假亦真。其实，真和假都不是最重要的，那都是"相"，重要的是你的心境有没有达到那个境界。我们只是借助"表相"去修自己的心性，借着假合的表象来求得"真我"，修成正果。这就叫"借假修真"。

人生就是一场修行，修行的最高境界，其实就是冲破思维牢笼，以一种开放的眼光审视自己和世界。

人一旦"开悟"就认清了世界和人生的本质，这种人从此可以自己做主了，因为没有人再能给他们提供"鸡汤"了。

"开悟"的特征

为什么人一旦"开悟",就会变得非常厉害?

因为人生最大的消耗是内耗,而人一旦"开悟"就没有内耗了。

举个例子:很多人看似又活了一年,其实只是把一天重复了365遍,这种人活了一辈子也是在原地打转,跳不出那个"怪圈"。而有的人每一天都在精进,都在迭代,他们一辈子活出了别人几辈子的体验。

为什么绝大多数人都无法突破人生这个"怪圈"呢?

这个世界本身就是一个迷局,它就像一个被设计好的程序。程序的核心目的就是让我们活着就像走迷宫,它会用各种表象、假象、诱饵、欲望来迷惑我们,让我们很难走出这个困局。

人生看似有无数选择、机会和可能性,其实都是障眼法。这些东西就是为了迷惑我们而存在的,让我们无法做自己。

一个人"开悟",最显著的特征是什么?

这样的人的大脑里可以同时存在两种截然相反的思维，却又丝毫不影响自己做事。这是一种极其强大的兼容能力，只有格局和认知到一定阶段的人才可以做到，这也就做到了没有内耗。

而普通人是什么样的呢？他们只能容纳一种思维或观念，这种思维或观念有可能是环境、读书、经历造成的，然后一辈子都在这个观念里打转。其实只要是"单一性思维"，就是"偏见"，就是封闭性的。

唯有两种截然不同的思维并存，才是健康的，就好像太极图一样，能够同时包容黑和白，并且让黑和白保持对立和统一。

举个例子：现实中的很多事，往往不是非黑即白、非对即错的；现实中的很多人，往往不是非善即恶、非敌即友的。对错、是非、黑白、善恶都可以互相转化，这样就能把世事处理得游刃有余，把人性洞察得明朗透彻。

记住一句话：检验一个人是否"开悟"，就是看他能不能在头脑中同时存在两种相反的想法，还维持正常行事的能力。

"出世的智慧"和"入世的手段"

真正"开悟"的人，可以同时具备"出世的智慧"和"入世的手段"。

什么叫"出世的智慧"？就是能够跳出凡尘俗事的能力，这是一种升维的思考。记住一句话：答案永远比问题高一个维度。要想真正把问题看透彻，必须升级一个维度再看当前的问题。所谓，旁观者清，当局者迷，能够随时抽身而出，就是"出世的智慧"。

什么叫"入世的手段"？就是无论思维上升到什么阶段，都可以随时躬身入局，这是一种舍我其谁的魄力，更是一种当仁不让的能力。这不是飘在半空中，无法脚踏实地地做事，而是即便人生不过游戏一场，也可随时入局控局。

举个例子：很多人无法处理"赚钱"和"情怀"的关系。"赚钱"和"情怀"就是两种截然不同的思维模式：一个是入世，一个是出世；一个是现实主义，一个是浪漫主义。因此很多人无法同时并存这两种思维，总认为"赚钱"和"情怀"是矛盾的。

实际上，这两种思维虽然是对立的，却完全可以统一起来。关键是有的事满足你"赚钱"的欲望，而有的事满足你"情怀"的需求。千万不要让一件事既能满足你"赚钱"的需求，也能满足你"情怀"的需求。把两个需求都押注在一件事上，这是很大的贪心，也是一种偷懒，最后这个事往往就被压垮了。

因此，真正的高手是怎么达成目标的？在确定一个目标之后，把目标拆分成两个属性的东西。这两个属性往往是对立的，也是统一的，然后分别去满足这两个属性的需求。

因此，做事业请记住这四个字——"情钱分离"。

所谓"情钱分离"，就是把事业的"情怀属性"和"赚钱属性"分开。你的事业未必是你喜欢的，只要能赚钱就可以了；你的情怀未必需要去赚钱，只要你喜欢就可以了。

能将一件事或一个人的两种属性分开，符合中国哲学的做法。因为事物总有阴与阳两大矛盾，就好比太极图，找出这两大矛盾的对立和统一的关系，才能真正拿捏住这个事物。常人之所以不能并存两种截然不同的思维，就是因为常人的格局不够，认知不够，他们一旦检索到跟自己单一思维相悖的东西，马上就开始反抗，证明别人是错的，自己的才是最合理的。

　　人生就是一场修行，能修到把"出世的智慧"和"入世的手段"共存于心中，针对不同的属性拿出不同的态度来应对，而不执着于一个观念时，这时人就"开悟"了，如"开挂"一般！

　　接受两个完全矛盾的观念同时存在，还能同时单独处理好它们，才能在工作、生活、情感里游刃有余、洒脱不羁。

认知逆袭

爱上自己

———————

我们终其一生，都在寻找那个和自己灵魂相近的人。

最后发现，唯一能契合自己的，只有自己。

一个真正成熟的人，可以悲喜自渡，而这也是人生最难得的自由。

人生的最高境界，就是爱上了自己。当一个人真正爱上自己之后，他就再也无法爱上别人了，因为爱自己的状态实在太美好了。

要想爱上自己，首先要真正懂自己，懂自己的特别、特长以及使命，懂自己的欲望、愿望，甚至缺点和局限。

其次是要对自己好，每一秒都在讨好自己，每一刻都在提升自己，每一天都在为自己而活。比如，不让外人的评价打扰自己，不再为他人的错误埋单，也不随便让他人闯入自己的生命。

这时，世界不再有"别人"，所以才会全然地关注自己、关心自己。于是你跟自己和解了，因为这种"中和反应"，你变得非常平和，没有了情绪、骄傲、嫉妒、评判、委屈。

此时的你，不再需要被理解、被欣赏，因为你已经完全理解自己。你可以一个人旅行，一个人发呆，读一本书，泡一杯茶，看一部电影，这都是在品味自己。

此时的你，已经完全置身于世外，但又可以随时融入其中，随时抽离、随时显现。出现的时候如如不动，离开的时候轻松自如，如来亦如去。

此时的你，可以随时处在热恋的状态，能跟任何美好的事物谈恋爱，有时是一个有趣的灵魂，有时是一片美景，有时是一顿美食，有时哪怕只是一个微笑、一个眼神。这种感觉很美好，生活的每一刻都是怦然心动的。

此时的你，是别人无法评判的，也是别人无法攻击到的，因为此时的你大象无形，无迹可寻，无懈可击。

爱上自己吧。当你真正爱上自己，每一刻都活在当下，每一个念头都在投射美好，这也是生命的最高境界。

"我"的三个部分

人生最大的智慧，是不断地内观自己，通晓自己心理和行为的运作逻辑，并因此体悟宇宙万物运作的逻辑和秩序。

《道德经》里说：知人者智，自知者明。一个人对自己认知的深度，决定了他对世界认知的高度。人一旦把自己彻底搞懂了，就把世界彻底看懂了。我们之所以搞不懂世界，是因为我们还没搞懂自己。

世界上最长的路，就是寻找自己的路。一个人成熟的标志，就是开始内观自己。

每个人都由三个身份组成："本我"、"自我"和"真我"。"本我"是人的动物属性，遵循快乐原则，受本能驱使，食色，性也。"自我"是人的社会属性，遵循现实原则，受利益驱使，追求财富、权力、地位、名声。"真我"是人的精神属性，遵循道德原则，受理想驱使，追求精神、认同感、爱情、灵魂。

"本我"在低维，他时刻在起心动念，包括很多野蛮、原始的冲动；"自我"在现实，他时刻在权衡利弊，盘算着周围的人和资源；"真我"在高维，他时刻在你头顶审视着你。有句话叫"举头三尺有神明"，这个"神明"就是高维的我，也就是"真我"。"真我"也是你的"元神"，它默默地陪伴在你身边，一旦你找到了它，并利用了它的力量，那么做人做事就"如有神助"，可以顺风顺水。

为什么我们会经常感到纠结？因为这三个"我"彼此间经常有冲突。

绝大部分人都被困在了欲望、情绪和偏见里。其实对于人生来说，真正阻碍我们的不是能力、时间、方法、步骤，而是傲慢、偏见、情绪化、狭隘、无知等。

人生的意义，就是寻找并回归"真我"。

毕竟，人的很多东西都归"真我"保管，比如天赋、使命、特长，人的修行就是为了提高"真我"所占的比重。

《心经》开篇第一句：观自在菩萨。观，就是内观。自在，就是放下执念的状态。这个执念就是对"本我"和"自我"的执着。这句话的意思是：当人开始内观，并且不再执着于"本我"和"自我"的时候，自己就有了"真我"的状态。

《金刚经》的要义：应无所住而生其心。意思就是：当一个人不再执着于各种"相"，不再对"本我"和"自我"挂念时，才能看到真实的世界。

禅宗里说：明心见性，见性成佛。只要能够擦亮自己的本心和真性，就可以成佛，这里的"本心和真性"就可以理解为"真我"。

人生就是一场修行。修行的最高境界，其实就是不断接近这个"真我"。这种感觉就像拨开乌云见天日般，让你在刹那间体会人生的真谛，简直妙不可言。

外界是一面镜子

你讨厌的那个人，是你最需要接近的；你嫉妒的那个人，是你最需要学习的；你怨恨的那个人，是最能度你的。

凡是我们不能接纳的人和事都会重复出现，直到我们接纳为止。外界的人和事都是一面镜子，他们帮我们投射出自己的内心。其实，我们看到不接纳和不喜欢的地方，往往是我们内心的某种"缺失"。

因此，当我们产生不接纳、不喜欢的感觉时，第一时间应该觉察自己：我为什么会产生这种感觉？我的内心哪里有缺憾？

比如，看到别人秀恩爱就反感，往往是因为我们内心缺爱；看到别人炫耀就反感，往往是因为我们不够自信。

别人最惹你讨厌的地方，通常也是你最受不了自己的地方，只是你不愿意承认而已。

我们跟外界的所有冲突，往往是我们自己的内心有冲突，是"本我"和"真我"的冲突。我们越是抗拒这种冲突，那种反感的体验就会持续和加剧。当我们反观自己的内心，去觉察自己的问题时，反而跟自己和解了，也因此就能拥抱与外界的冲突。这时，冲突反而消失了。

如果我们一生都在跟外界的冲突对抗，把所有的问题都归结到环境的问题、他人的问题、事情的问题，这才是最大的悲哀。

请记住：每一次跟外界的冲突和抗拒，都是一次生命的提示，也是一次灵魂升级的机会。我们要做的是去把握它、直面它、拥抱它、兼容它，而不是错过每次成长的机会。

尽管每个人到这个世界上的使命不同，但有一点是相同的，那就是把自己修得更加完整。人生就是一场修行，什么时候把自己修圆满了，生命也就彻底升级了。

美好的事物总是弯曲的

———————————————

美好的事物总是弯曲的。上天从来不会以直接的方式呈现它的爱。

你渴望智慧，上天给了你困难。当你化解了困难，你就拥有了智慧。

你渴望力量，上天给了你石头。当你搬开了石头，你就拥有了力量。

你渴望财富，上天给你了卑微。当你学会了创造，你就拥有了财富。

你渴望真爱，上天给了你背叛。当你学会了包容，你就拥有了真爱。

你渴望机会，上天给了你诱惑。当你学会了淡定，你就拥有了机会。

你渴望幸福，上天给了你痛苦。当你学会了修行，你就拥有了幸福。

上天给我们的礼物，总是带着问题的面纱出现的，就看我们
能否辨别和过关。

使命和天赋

未来一个人要想活得很好，必须发掘出自身的两样东西，第一个是使命，第二个是天赋。

使命，是你与生俱来的任务和责任，是你在世上生存的源动力。一个找不到使命的人就像一叶浮萍，是无根之草，漫无目的地在世上漂泊。天赋，是你与生俱来的能力和特长，是你可以超越他人的根本支撑，一个找不到天赋的人只会走向平庸，即便有好运的垂青也不会太长久。

使命和天赋是我们连接高维世界的两大通道，因为这两样东西都是与生俱来的，它们可以帮助我们与"真我"连接。

人生的意义

———————

人生的终极意义是什么？我认为是四个字：回归"真我"。

每一个生命都有源头，那个源头就是"真我"。我们之所以还不是"真我"，是因为每个人都在修行，甚至要经历很久的修行才能回到"真我"。

每个生命都有出处，每个灵魂都有归宿。每一个生命在诞生之前都领了这一世要完成的任务，然后累生累世地分段完成任务。我们之所以在世间不断地轮回，就是为了完成自己的使命。这也就是我们的修行，完成了自己的使命就可以回归"真我"。

人生就是一场修行，人活着的目的就是不再"为人"，就是为了能回到自己的本源。

我是谁？我从哪里来？我要去哪里？这三大问题是每个生命的终极问题。

回到本源有两大通道：第一种是"开悟"，第二种是"得道"。

"道"修的是今生，靠的是符合规律，顺势而为，也叫"合其道"。不需要再做无妄的努力，完全顺其自然，这就是无为。

"悟"修的是来世，靠的是因果关系，为了某个结果就得去种这个因。这就是发心，发心之后就要坚持初心，要放弃很多欲望，刻苦修行。

每个人都带着使命而来，都有自己的天赋。唯有回归"真我"，才能回归安宁和幸福，才能内心更强大，才能找到存在的价值和意义。一个人的最终使命，就是成为真正的自己。人生所有的痛苦，都是因为不能做自己。

人生所有发生的事情，一切过客和经历都是为了帮我们寻找自己。人生看似有无数的选择和可能性，不过是障眼法，当你真正明白了自己的使命时，它们顿时消失，"真我"就会显现。

寻找"真我"

首先，有一个非常重要的巧合：

科学家们发现，现实空间里只有 4% 的物质是我们可以看到的，剩余 96% 的是暗物质。但恰恰是这些看不见的暗物质支配着世界的运转。

心理学家发现，我们头脑中只有 5% 的念头是有意识的，剩余 95% 的念头都是被潜意识支配的。但恰恰是这些感受不到的潜意识支配了我们的行为。这就是冰川理论。

心理学家荣格说：你的潜意识操控着你的人生，而你却称其为命运。

所谓命运，就是由那 96% 的暗物质，就是由那 95% 的潜意识决定的！

潜意识之所以潜在深处，是因为它比我们的后天意识诞生要早。后天意识是后天环境驯化的产物，而潜意识是先天就存在的。

潜意识是"真我"的一部分。每个人的内心深处都有一个深藏的"真我"，也叫"超我"，是超脱于世俗而存在的。它因爱、智慧、美德而存在。

"真我"保存着我们的经验、信念、认知，也决定着我们的观点、行为、选择。一旦找到这个"真我"，就相当于开启了能量的大门。它会源源不断地给我们提供能量，把很多不可能变成可能！

思考一下身边人：到底是什么，让一些在学生时代看起来特别优秀的人，后来成了特别平凡的人？又是什么让那些小时候平平无奇的人，后来做出了意想不到的成就？

区别在于是否找到"真我"。

我们都知道一件事能不能成功，主要取决于三个要素：天时、地利、人和。实际上，还有更重要的因素，那就是——己合和神助。

我认为，这段话的完整版是这样的：天时不如地利，地利不如人和；人和不如己合，己合不如神助！所谓"己合"，就是自己跟"真我"和解。所谓"神助"，就是"真我"会暗暗给你助力！

"真我"就是你的"元神"，它默默地陪伴在你身边。一旦你找到了它，并利用了它的力量，那么做人做事就"如有神助"，可以顺风顺水。

"真我"包括两部分，一个是天赋，一个是使命。

所谓"天赋"，就是总有那么一件事，你生下来就可以干得比别人好，不需要任何原因。所谓"使命"，就是总有那么一件事，你生下来就想干，魂里梦里都想干，哪怕没人给你好处，你还是想干。

人生真正的归宿，就是天赋和使命综合在一起的"真我"。

苏格拉底说：认识你自己。《道德经》里说：知人者智，自知者明。他们都是在告诉我们：一定要真正地找到自己的"元神"。王阳明教人"致良知"，其实就是要去深挖那个最初的自己；哲学家说要去寻找自己；我们说要不忘初心……其实都是同一个道理啊！

如果一个人找到了"真我"，一定能成为一个优秀、成功又幸福的人。

人生的上半场，是给自己贴"标签"的。我们用社会的条条框框把自己固定成型，成为一个合格的社会人，完成社会赋予你的任务和使命。

人生的下半场，是给自己撕"标签"的。当我们完成了社会赋予的任务，就开始向内寻找自己，寻找自己的热爱和向往，全力以赴奔向"真我"。

生命就像江河，无论多么曲折与蜿蜒，最终目的都是奔赴大海！

第二章・见天地

钱的本质　　　中美文明差异

房价的本质　　　道德审判

人类的算法困境　　　文化与人性

底层规律　　　中国最符合『天道』

钱的本质

最接近"道"的两种东西

为什么越想赚越赚不到钱?

为什么绝大部分人赚不到大钱?

为什么圣人不需要钱?

钱是最公平的价值标尺

人生的终极目标是什么?

为什么绝大部分人都不适合发财?

最接近"道"的两种东西

道生一，一生二，二生三，三生万物。大千世界就是由"道"衍生的。谁能抓住这个无形的"道"，谁就拥有了一切。世界上有两种东西最接近"道"的品质。第一个是"水"，第二个是"钱"。金木水火土中的"水"就代表"财"。因为这两个东西的品质最接近，并且最符合"道"。

《道德经》里说："上善若水，水利万物而不争。"意思是，至高的善德善举就如同水的品性，默默滋养世间万物而不争强斗胜。

所谓"大道无形"，水是这样，它遇器成形。无论被放在哪里，都能融入对方，滋润对方；它哪儿低洼就往哪儿去；哪里的草木最干渴，它就流向哪里。它可以利润万物却能做到无我。

钱也是这样，它从一个地方流到另一个地方，从一个口袋奔向另一个口袋，从不执着于拥有它的主人。谁最值得拥有它，谁最真正需要它，它就流向谁。它时刻都在那里，总是被最懂它、最需要的人看见。

水往低处流，钱也往洼处走。什么是洼处呢？就是最需要、最紧迫、最能滋生万物的地方。而且，只有当它被利用的时刻，它才能成为它自己；一旦它停止下来，它就不再是它。

"道"生万物，钱也可以生万物。钱能变出人间的一切，比如幸福、快乐、满足、名声、地位、权力，当然也可以有算计、痛苦、争斗、厮杀、牢狱、毁灭，等等。

为什么越想赚越赚不到钱?

人生的绝大多数问题,表面上看是缺钱导致的。实际上,一个人缺多少钱,就缺多少"道",因为两者是同在的。

"钱"和"道"就像太极的两个阴阳鱼。钱在明处,"道"在暗处。有一个亘古不变的规律:无形的东西决定有形的东西,求钱必先明"道"。

然而,人们总是把很多痛苦直接归结于没钱,这两个字真的是背了太多的"锅"。没钱是一种结果,它往往是由对"道"的认知不足导致的。人们往往只盯着有形的钱本身,而不去琢磨钱背后那个无形的"道"。

"道"是规律,是原理,是趋势,是包容,是开放,是价值,是大爱……人一旦放弃对这些东西的追求而只谈钱,无异于缘木求鱼。毕竟,孤阴不生,独阳不长。

因此,绝大多数人的真正问题在于,只想得到眼前的利益却从不想长远的学习和提升,然后陷入一种越急于赚钱却越赚不到钱的恶性循环中。

钱的背后是产品和服务，把产品和服务做到极致，钱自然就来了。产品和服务的背后是"人心"，无论社会怎么变，人心不变。人心的背后就是"道"，"得道"后就很容易"赚钱"。

商圣范蠡就是最典型的例子。他师从计然（计然是老子的弟子），完全抓住了规律和人性，弃政从商，很快成为富豪，然后散尽家财去做慈善，再去另外一个地方白手起家，很快又富甲一方……前后三次散尽家财救济贫困，被后世供奉。

他为什么那么厉害？不仅在于他老师的老师是老子，更在于他参透了"大道"。

为什么绝大部分人赚不到大钱？

每个人这一辈子赚的钱都有一个临界点，一个人的"低劣本性"被金钱暴露的那个财富值，就是你财富的极限。

由于钱的反噬力非常大，一个人如果没有很高的德行、贡献、智慧，很难扛得住这种反噬力。

就像开真枪时都有一股很强的后坐力一样，如果那个人站得不够稳固，就会被推倒在地。

看看我们周围吧，很多人赚到一定数量的钱的时候，就飘了，开始作威作福，奢侈无度，无视规则和伦理，破坏公序良俗。

钱就是水，人就是舟。水可载舟，也可覆舟。

请记住下面几句话：

1.没钱的时候,先把勤奋舍出去,机会就来了,这叫天道酬勤。

2.当机会来了,再把诚信舍出去,钱就来了,这叫诚信为本。

3.当有钱了，再把慷慨舍出去，人就来了，这叫财散人聚。

4.当有人了，再把爱舍出去，事业就来了，这叫厚德载物。

5.当事业来了,再把智慧舍出去,幸福就来了,这叫德行天下。

为什么圣人不需要钱？

其实，人们所谓的太需要钱，仅仅只是需要某种东西的一个借口，是我们内心残缺的一种表现，比如迫切需要被认可，无法填满欲望的窟窿，极度的自卑，等等。

圣人往往是内心圆满的人，因为圆满所以没有所求，正所谓"无欲则刚"。

钱只是一个可以帮我们渡河的工具和手段，但是圣人一个念头即可过河，或者说他们早就在彼岸。

人们总以为幸福是"有"什么，却很少人意识到"没有"什么也是一种幸福，比如没有病痛，没有担忧，没有惊恐，没有不安……

圣人不是清高，而是因为他们已经"得道"了。他们本身就是"道"，就是钱，所以就不需要钱了。

圣人本身就像流水一样地生活，无处不在，像钱一样地被众生需要，被众生供奉。

圣人只需要值钱，而不需要赚钱。值钱远比赚钱更重要，因为值钱是"钱求人"，而赚钱是"人求钱"。

钱是最公平的价值标尺

这个社会，似乎一切都变成了可以衡量的钱。

这在某种程度上是合理的。只有把钱当作价值尺度，才能将一切价值量化、标准化。

这能将社会最有效的资源流通到最合适的地方去。这也是未来的商业文明，让最合适的人去做最合适的事。我们只需要完成我们最擅长的环节，集中我们所有的精力、思想和努力将这个环节做到极致，其他环节自然有人来配合。

我们根本不用担心人们会因为追求金钱而丧失道德。当人人都在讲规则的时候，道德自然就会兴起。相反，当人人都在标榜道德的时候，说明这个社会已经没有道德可言。

《道德经》里说：大道废，有仁义。意思是，如果一个社会的规则都被破坏了，就会处处崇尚道德品行。一个人越缺少什么，就越炫耀什么。同样的，一个社会越缺少什么，就越标榜什么。

所以，好的公司根本不会和员工谈情怀，只跟员工谈钱；好的男生也不需要和女生大谈感情，只会默默为女生付出。

那些张口就是道德和情怀的人，往往都在用这个标准挟持别人，然后悄悄实现自己的利益。

没错，谈钱的确庸俗，但生活就需要直面各种庸俗。所谓"浪漫"，就是把各种庸俗变为美好的过程。

靠钱维持的关系，如果能一直维持下去，最后往往会产生感情；而一开始就靠感情维持的关系，往往很容易因利益闹掰，到最后只剩互相记恨。

人生的终极目标是什么？

钱可以让人觉悟。

赚钱是一种修行，谈钱是一种大爱。但钱只是工具，而不是目的，"道"才是。

钱是一座桥，赚钱就是过桥。

过了桥去哪里？去拥抱"大道"！

"得道"才是人生的终极目标。

为什么绝大部分人都不适合发财？

人们总是把很多问题直接归结于没钱，其实没钱是一种结果，它往往是由于智慧、贡献、德行不足导致的。

人们的问题在于，只想要很多钱，但不去思考得到这些钱需要的智慧、品行、贡献，这就陷入一种越急于赚钱却越赚不到钱的恶性循环。

厚德载物，一个人有多大的品行，就配拥有多大的财富。德不配位，必有灾殃。

中国社会公平的地方在于，当你的财富和贡献不匹配的时候，社会有 100 种方法收割你。

房价的本质

房价还会涨吗？

房子的价值究竟有多大？

房价还会涨吗？

这里必须先做一个划分，因为房子也在分化。房子将分化成三种：

A 类房子：位于一线城市核心区的房子。这类房子属于金融资产。

B 类房子：位于一线城市发展区和强二线城市核心区的房子。这类房子属于资产。

C 类房子：位于二线城市郊区和三四五线城市（县城）的房子。这类房子属于商品。

本文所指的房子是 A 类和 B 类房子。这两类房子未来还会升值吗？

其实只要思考清楚一个问题就行了：房子的泡沫和货币的泡沫哪个更大？

房价有泡沫毋庸置疑，但是决定房价能否上涨的根本因素是，房价的泡沫膨胀速度能否超过货币的泡沫膨胀速度。

房子提供的是空间价值，供人居住，并且跟教育、户口、社保挂钩；货币，是一张纸上面印的一个数字。大家觉得这两者谁的泡沫更大？

在当今的世界经济形势下，必须不断地发行货币，而且必须超发。这是全球化的特征，不是由某一个国家决定的。

货币最开始的功能是中间等价物，但是现在已经成了衡量物品价值的符号或单位。

举个例子：有两个物品 A 与 B，A 标价 2 元，B 标价 1 元。我们知道 A 的价值是 B 的两倍。也就是说真正衡量一个物品价值的，是市场里面不同物品相互参照形成的体系，而货币只是一种更容易体现价值的量化单位。

想想看，如果 50 年后，某样东西标注的价值是 1000 万美元。只凭这句话，我们根本无法衡量这样东西的实际价值，除非有了一个参照物，比如一斤大米卖 500 万美元，我们才能知道这样东西值两斤大米。

因此，货币已经不是真正意义上的财富了，货币只是社会统一衡量和结算的一个标准而已，是调节和分配社会财富的一个手段和工具。货币掺杂了太多人为的因素，甚至可以沦为剥削的工具。

国际上的经济战，说白了就是每个国家都在琢磨着如何用自己印出来的货币，去购买其他国家的资产(包括优质公司的股权、稀有资源、土地、矿产、房地产等一切稳定又稀缺的生产资料)，俗称"合法地侵略"。

因此请记住一条：货币只是工具，不是目的。

未来，什么才是财富呢?

一切稀缺的生产资料，也就是资产，才是财富。对普通人来说，拥有矿产、石油、土地等稀缺生产资料的概率极低，唯有"房子"。

所谓"财富"，就是你拥有了稀缺的生产资料，并以此为筹码与社会做交易，从而获得稳定的收入。例如你持有几套房子，稳定收取房租，或是持有了优质公司的股权，每年收取分红。

把这个逻辑想通了，你还会想着把资产变成货币吗?

房子的价值究竟有多大？

商品有三个维度。

第一个维度是产品，提供的是物质价值。比如苹果手机，各种创新物品等。但是这种商品很容易被迭代，只要科技在发展，产品就一定会推陈出新。如今科技水平发展那么快，无论多么新潮的东西，总是轻而易举地被迭代，所以产品是最容易贬值的，比如手机、汽车等，一经购买就贬值了。

第二个维度是房子，提供的是空间价值。切记，空间是不受时间影响的。因为城市不会转移，最多是市中心在改变，而且空间不受科技水平的影响，比如房子再怎么创新都是外观和建造技术的创新，而衡量房子价值的永远都是地段和大小，跟建筑材料和建造方法关系甚微。

第三个维度是金融，提供的是时间价值。为什么金融提供的是时间价值呢？因为金融可以通过空间换时间啊。比如一家公司如果按照正常速度去经营，需要10年才可以上市，但是如果去做融资（稀释自己50%的股份），可能5年就上市了，这就是用一半的利润空间去交换5年的时间，其实就是在购买时间啊。

弄清了这个逻辑，我们就会明白为什么房子成了财富的载体。因为房子不是一般的商品，而是可以跟科技水平对冲的商品。房子是可以跟货币超发互相制衡的商品，属于价值载体，即投资品。

很多人把房产看成普通商品，按着商品的思路去预判，总是从供求关系去看房价趋势，肯定会有失偏颇。

C类房子确实是商品，因为没有流通性，只有居住属性。但是 A、B 两类房子是投资品，是资产，除了居住功能之外，还有投资的属性。

房价之所以在涨，并不只是因为买的人多，更重要的是因为拥有资产的人不肯轻易脱手。只要一个人不是非常缺钱，一般都不会卖掉自己的房子。

有人会反问：一线城市房价那么高，为什么大家不能选择租房，而是一定要买房呢？

根据经济规律，如果未来的年轻人都选择租房，那么租金必然上涨，当租金上涨到一定程度，如果房价不涨，人们会发现每月的还贷金额跟租金差不多了，倒不如直接买房，这样还能拥有属于自己的资产。

另一方面，房产的持有者发现每月租金收入如此高，就更加不愿卖房了，而是把房产紧紧攥在手里，这还会加剧房价的上涨。

因此，租金与房价其实存在着微妙的动态平衡。但无论如何，最吃亏的都是无房的人。

无房的人总是在以各种方式去养活有房的人。这是规律：在古代，很多人做生意赚了钱之后就去购买土地，然后租给别人去耕种，自己成为地主，等收了租再去买更多的土地，租给更多的人去耕种，然后可以世世代代享受下去……

古代最重要的生产资料是土地，但现在最重要的生产资料是科技。现在最牛的不是拥有土地的人，而是拥有类似芯片、系统等核心科技的人。

美国人玩的就是这一套。美国对知识产品的保护做得相当到位，而且创新环境很好。科技是可以致富的，你只要有了创新或者专利很快就能开一家公司，获取相当可观的财富。

但是对于我们来说，房子才是每个普通人可以企及的资产。

从国家层面来说，最理想的情况是维持现有的房价，然后尽可能地让大家把精力和资源都投入科技研发中，从而在国际竞争中拥有发言权。

然而现实是，当我们持续把人才吸引到一线城市的时候，必然导致住房需求的增加，于是房价很难不涨。

归根结底，中国的城市化还没有结束。我经常说，任何一个国家的发展都需要经历两个阶段：

第一个阶段是硬件的建设，包括住房、铁路、公共设施的搭建。先把框架搭建起来。第二个阶段是软件的建设，包括科技水平、内容生产、文化建设等。用这些去填充搭建好的框架。这是一个"先硬后软"的过程。

这就好比建设一栋大楼，需要钢筋混凝土先修筑好框架，再用各种软装和设计去装修。

纵观中国的发展过程，我们才刚刚接近完成第一个阶段，也就是造好了大量的基础建设。只有造好大量房子，大家才能有稳定的居所，才能把更多精力投入科研和文化建设上。

人类的算法困境

什么是算法?

什么是算法困境?

"算法茧房"

平台算法设计三大原则

未来的出路

什么是算法？

最近这两年，由于受到疫情影响，大家越来越难了：企业家、生意人、店主越来越难；外卖员、快递员、网约车司机越来越难；网红、主播、自媒体人越来越难。究其根本，大家都被困在了"算法"里。

什么是算法？现在几乎人人都离不开各大互联网平台，比如抖音、淘宝、美团、携程等。每个平台的运转都有自己的一套算法，也可以叫"智能推荐"。它将是人类的"五指山"。

在欲望和贪婪的驱使下，人类正在给自己编织一张大网，然后把自己彻底捆住，走向作茧自缚。

很多人还没有意识到，人类真正的敌人，不是生态环境，不是经济危机，不是核武器，而是算法。

人类发明了算法，算法又开始"驯服"人类。人类和算法的斗争，才是一场是决定人类命运的战斗。

什么是算法困境？

先以外卖平台的算法为例，看看骑手的算法困境。

各大外卖平台都以算法见长。算法可以精准地算出每一个外卖员从取餐到送餐的配送时间。配送时间是衡量一个外卖平台运作效率的最重要指标，超时的发生，意味着差评、收入降低，甚至被淘汰。

在美团，这个实时智能配送系统被称为"超脑"；饿了么则把它取名为"方舟"。某平台的资深算法专家曾介绍这个实时智能配送系统的运行规则：

从顾客下单的那一秒起，系统便开始根据骑手的顺路性、位置、方向决定指派哪一位骑手接单。订单通常以 3 联单或 5 联单的形式派出。每个订单有取餐和送餐两个任务点。如果一位骑手背负 5 个订单、10 个任务点，系统会在 11 万条路线规划可能中完成"万单对万人的秒级求解"，并规划出最优配送方案。

通常，骑手的超时率不得高于 3%，否则站点的评级将会下降；整个站点的配送单价也会下降，包括站长、人事、质控等在内的所有人，也包括渠道经理、区域经理等的收入都会受到影响。

骑手作为普通出卖劳动力和时间的个体，是无法跟平台的算法系统对抗的，于是只能用超速去挽回超时这件事。

外卖骑手经常为了一毛钱拼命。一位湖南的美团骑手说："准时率低于98%一单扣一毛钱，低于97%一单扣两毛钱。每单一毛钱对于我们来说，差很多很多的。"

这却是平台希望看到的，平台还为此设置了一个关于等级的游戏：跑的单越多，准时率越高，顾客评价越好，骑手获得的积分便会越高；积分越高，等级就越高，奖励收入也会更多。系统还将这种评价体系包装成了升级打怪的游戏，不同等级的骑手，拥有不同的称号。

一位骑手讲述了具体的等级设置：一周之内，完成有效订单140单，准时率达到97%，将成为"白银骑手"，每周可获得140元的额外奖励；若完成有效订单200单，准时率达到97%，则会成为"黄金骑手"，每周额外获得奖金220元。

单量还可以直接与配送费挂钩，比如某平台每月完成订单数在500单以内，每单5元；500到800单，每单5.5元；800到

1000 单，每单 6 元……依次类推。在游戏规则中，积分将以周或月为时间单位清零。

这种游戏化的评估方式，将众多骑手卷进了一个无法停歇的循环。

这套算法最无解的部分在于，让骑手们越跑越快的不只是平台，也包括骑手自己。因为外卖员每跑一单的数据，都会被上传到平台的云数据里，算法会算出骑手的速度极限。当大家都越来越快时，算法还会适当地给大家提速。

这真是一个永无止境的循环。

关键问题是这种算法真的是完美无缺的吗？如果下雨了怎么办，如果遭遇堵车怎么办，如果中途忽然发生意外怎么办？可惜没有平台在乎这些额外因素，每一个外卖骑手就像机器一样，被算法控制，一刻也不敢懈怠。

在外卖骑手聚集的百度贴吧中，有骑手写道：送外卖就是与死神赛跑，和交警较劲，和红灯做朋友。"外卖骑手"已经成为最危险的职业之一，这一话题已经不止一次地登上微博热搜榜。

其实不止外卖员被困在算法里，商户也被困在了算法里：

商家在平台上的竞争十分激烈，并且必须不断地控制成本，不断地做促销才能接到订单。之前，有一个商家的收入截图"火"了—— 一份米线卖价 19 元，商家拿到手的实际收入只有 9 元。

那么商家不参加活动行不行？不行！因为店铺排名如果再靠后，以后连生意都没了。

更让该商家郁闷的是，同样一个 25 元的订单，在各大平台的提点都差不多，有的是 21%，有的是 25%，有的更高，到底依据是什么呢？他打电话问平台，得到的解释是：系统是按照算法执行的。

算法究竟执行的是什么规则？除了平台，没人能搞清楚。

这就是算法。在古代有"大斗进小斗出"的"明剥削"，现在就是"暗剥削"。

有人肯定会说：那别人的生意怎么做下去的？

很多商家没有招牌，没有门店，没有餐桌，只在各大平台上接外卖的订单，广泛分布在城中村里。

每天中午 11 点到下午 2 点，订单像潮水一般涌来，老板（兼厨师）以最快的速度出餐，然后打包（往往是老板娘负责）发给外卖员，外卖员再马不停蹄地把午饭送进各个写字楼。

这种"幽灵般的厨房"之所以能够生存，秘诀在于它们省下了房租和员工开支，可以承受平台确定的价格，不停地以更低价参加平台活动，从而获得平台提供的推荐和流量。

这就是商家的算法困境：当算法觉得某个商家效益大幅提升的时候，就适当控制你的推荐量，提高你的佣金；当算法觉得某个商家奄奄一息的时候，就会变着法地给你补贴，让你继续生存下去。给你留一个一息尚存的机会，这就是"求生不得，求死不能"。

这就是算法的原则：让所有人永远保持苟延残喘的状态，让大家"生命不息，拼命不止"。

另外，对于消费者来说，也被困在了算法里，所谓的大数据"杀熟"指的就是算法的罪恶：你越有消费能力，购买同样的东西，你就要比别人花更多的钱。

而对于骑手来说，你外卖送得越快，那么配送同样距离的订单，系统给你指定的时间就越短。

最有意思的是：骑手在拼命、商家在薄利多销，按理来说平台应该赚到不少钱，但是看看美团、滴滴、拼多多的财务报告，一直在亏钱，而且数字很夸张。那么，这些钱究竟去哪里了，难道都被算法吞噬了吗？

其实何止是美团、饿了么这些平台，抖音、今日头条、拼多多、淘宝、百度也以算法见长。

不信你在淘宝、百度上搜一个东西，再打开今日头条，就会看到这个品类的广告，你已经被精准锁定。

"算法茧房"

算法不停地收集你的数据，站在高维透视你、审视你，知道你喜欢什么、想要什么，直接把你最喜欢看的东西推送给你，而且你越喜欢什么就越给你推荐什么内容，这非常符合人性。人因此变得越来越懒，甚至都已经懒得选择和辨别了，我们对推荐过来的东西不加思考地全盘接受。

根据达尔文"用进废退"的原则，人类越不去辨别，那么辨别能力就越差，最后将丧失独立思考能力。

算法无限附和我们内心深处的癖好，让我们无限沉溺，最后无法自拔。

未来算法会彻底掌控我们，比如当我们打开手机，平台马上就会通过你按手机的动作获取你的身体数据，包括体温、血压和心率变化，然后模拟出你的心理变化曲线，再给你推送商品、作品、观点等。

未来的社会，大部分人都将沉沦在算法里。社会将被分割成一个个的小单元格，单元格的墙壁十分坚实，利用短视频、直播、游戏、网购、外卖等，让每个人活在自己的"算法茧房"里。

算法可以精准地给每个单元格投放他们最想要的东西。这些人未来都将是被喂养和投递的，就像给宠物投递食物一样。

未来的社会，很多都将被操控：我们看到的，都是别人想让我们看到的；我们享用的，全是别人给我们定制好的。

平台算法设计三大原则

总体来说，各大平台的算法设计原则是大同小异的，主要有以下三大原则：

第一，让每一个个体日夜不停地奔波，必须不停地接单、直播、制造内容，类似"春蚕到死丝方尽"。

第二，不允许某个个体一直壮大，一旦某个个体强大到可以跟平台相互抗衡，平台就要釜底抽薪，再去扶植另外的个体。

第三，在个体之间不断制造收入差距，当收入差距到了一定程度，又要去缩小收入差距，去扶植那些弱小个体。

也就是说，大家都是平台的一个棋子，平台会赏给每一个个体一口饭吃，但也仅给你一口饭吃而已。无论你多么努力、多么有天赋，都只能最多吃上一口饭。

这是科技水平发展的必然，也是人类社会发展的必然。

未来的出路

———————

算法就是人类一场自欺欺人的科技创新。它会千方百计地折腾我们自己，把我们牢牢地捆住。

人生而自由，却无往不在枷锁之中。

天地不仁，以万物为刍狗。

其实人类自从有了科技发明以来，一直试图掌控自己的命运，但是我们终于发现，无论人类怎么努力，最终都会被自己的各种发明创造束缚，最后作茧自缚。

这就像孙悟空有再大的本领，也翻不出如来佛祖的五指山，最后还是会被戴上紧箍咒。

未来一个人的幸福，是精神带来的，而不是由物质带来的。因为物质收入方面大家都差不多，差距是有限的。

早一点看透这一点的人，就会早一天"放下"。

放下发财的执念，早一点寻找自己灵魂的归宿，比如一门手艺、一个爱好、一种生活，才是"正道"。

众生皆苦，唯有自度。

底层规律

什么是逆天改命?

在《人间清醒》中,我们仔细探讨了人生成长曲线,而逆天改命的本质就是开辟人生第二条曲线。

具体来说是这样的:在低谷还未到来的时候,就已经未雨绸缪了,这也叫"居安思危"。在你还可以享受成就的时候,就主动颠覆自己,走出舒适区,主动去寻求改变,而不是被外界改变,这就相当于主动迈向下一次巅峰,这就是逆天改变的基本原理。

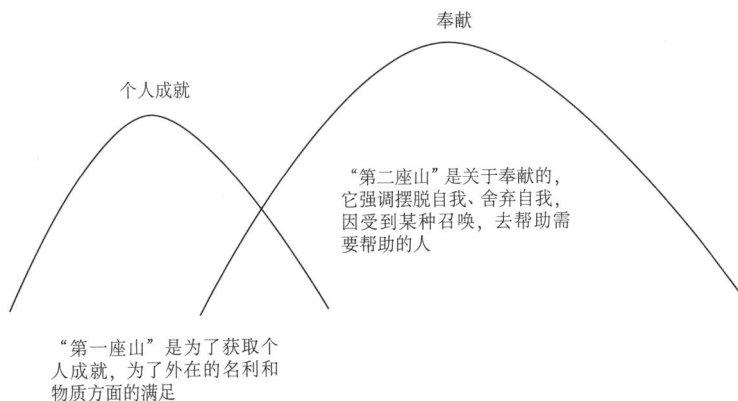

奉献

个人成就

"第二座山"是关于奉献的,它强调摆脱自我、舍弃自我,因受到某种召唤,去帮助需要帮助的人

"第一座山"是为了获取个人成就,为了外在的名利和物质方面的满足

开辟人生第二条曲线示意图

换句话说，逆天改命的本质就是：当大部分人开始躺平，开始坐享其成的时候，而你主动寻求改变。这就是一种反向的操作。

投资的最高境界

《道德经》里说：反者道之动。真正看透规律的人，都在逆人性而动、逆大多数人而动、逆大环境而动。只有极少数人能做到这一点，大部分人都在随波逐流，最终只能跟着周期一起起伏。

这种做法是可以穿越周期的，却需要极大的勇气和智慧，所以大多数人还是随波逐流，逆行者永远都在孤单地前行。

巴菲特说过一句话：当别人恐惧时你要贪婪，当别人贪婪时你要恐惧。这和商圣范蠡的"旱则资舟，水则资车"的逆周期商业思想是一样的，在旱季准备下雨时候用的舟，在涝季准备旱天时候所用的车。

司马迁在《史记·货殖列传》也提道：贱取如珠玉，贵出如粪土。意思是趁价格上涨时，把货物像倒掉粪土那样赶快卖出去；趁价格下跌时，把货物像求取珠玉那样赶快收进来。

"华尔街教父"本杰明·格雷厄姆说：投资中的最大敌人就是其自己。投资就是跟人性博弈的过程，最强的对手一定是你自己。一旦你战胜了自己，如同跳出三界外、不在五行中。

所谓"人取我予，人弃我取"，通俗一点说就是：别人不要的东西你拿来，别人想要的东西你就给予。

众生之所求，正是你所舍。看起来是一种施舍和慈善，是无我，却也是世界上最高境界的投资，是大我。

最终，一切有形资产都是身外之物，你在这一过程中形成的思想、格局才是自己的。

市场的三次机会

———————

从规律上来讲，每个市场有三次机会。

第一次属于先行者，适合那些胆大敢闯的人。他们只是先看到了、先去做了，把握住了先机。

第二次属于创造者，适合那些真正把事做好的人。他们未必是最先去做的，但他们更具创造力，更加脚踏实地。当市场被先行者开拓之后，他们会纷纷入场。

第三次属于匠心者,适合那些能够在某一领域精耕细作的人。他们往往做事小心翼翼，但更擅长埋头做事，当市场被前面两种人奠定好框架之后，就需要他们去填充市场的每一个角落。

从整体上说，现在基本上各个领域都在开启第三次机会。比如社群、自媒体和微商，比如各种细分产品，比如直播和短视频等。

太多垂直领域等着我们去开发，很多专业领域还远没有被线上化，这就是当前最大的商机。

两大核心竞争力

未来，个体有两大核心竞争力。

第一个是基于 IP 产生内容的能力，就是创造能力。

第二个是基于粉丝的关系运营能力，就是运营能力。

前者是为了从公域中获取流量，源源不断地有新人进来。后者是为了激活和盘活私域流量，跟粉丝进行深层交互。

顶级战略

下面是中国历史先后出现的顶级战略，简单明了，一目了然：

帮助大禹成功治水的顶级战略：堵不如疏。

帮助秦始皇统一六国的顶级战略：远交近攻。

帮助刘邦夺取天下的顶级战略：与天下同利。

帮助汉武帝对付匈奴的顶级战略：和亲。

帮助曹操安邦定国的顶级战略：挟天子以令诸侯。

帮助朱元璋成功的顶级战略：高筑墙，广积粮，缓称王。

帮助曾国藩打败太平天国的顶级战略：结硬寨，打呆仗。

由此可以发现，真正的顶级战略既简约清晰、符合天道，又是大势所趋、人心所向。

埋　单

———

人们往往会为两种东西埋单：第一种是很容易懂且很容易用的东西；第二种是听不懂但感觉很高档的东西。

这就是人性的两大需求。

世界上理性又成熟的人比较少。他们会自觉远离这两样东西。

世界上愚蠢又贪婪的人比较多。商家制造焦虑和贩卖技巧，是吸引这类人的不二法门。

那么，为什么第二类人经常被人骗，反复被人收割？因为他们本身是不成熟的，是情绪化的。他们从不想着提升自己，反而总是幻想得到一种成功的捷径。他们的要求只有骗子才能满足。

抢占"认知的制高点"

不是赚钱越来越难，而是赚钱的逻辑彻底变了。之前，我们赚的是"信息差"：有的人提前知道哪里有产品、哪里有资源、哪里有渠道。"信息差"的钱很好赚，我知道一个东西在哪买很便宜，但你不知道，我只要把它买回来再卖给你，我就赚到了钱。但是在互联网时代，信息越来越公开透明化，信息差变少了。无论哪一种需求，你只要随便上网一搜，信息一目了然。

未来，我们赚的是"认知差"：同样的事物，别人看表象，你能看到本质，抓住要害。

"信息差"是事物表面的差异，只要先获取了信息，然后先行一步、胆大一点、勤奋一点，就能赚到钱。"认知差"是事物深层的差异，只有信息还远远不够，还必须善于"深度思考"和"独立思考"，洞察事物的本质。没有文化素养，没有大量的阅读，没有勤于思考的习惯，一个人很难占领"认知的制高点"。我们一定要记住一句话：未来社会一次正确的本质洞察，远远大于 100 次辛勤努力。

未来赚钱的本质，就是占领"认知的制高点"，然后占领大多数人的心智，操控他们的行为，从而为自己所用。这句话很残忍，却也是现实。

有的人在埋头读书，在思考怎么布局，而有的人整天在忙着寻找情绪安慰，比如刷短视频，上培训课，在忙着证明自己、跟人抬杠，这都是"认知差"决定的。未来人与人比拼的，就是谁先占领对方的心智。无论是洗脑、套路，还是各种招商、培训等，其本质都是"高认知"的人去降维打击"低认知"的人。

世界上最难的事有两种：第一种是把自己的思想装入对方的大脑里，第二种是把对方的钱放入自己的口袋里。关键问题是这两件事往往同时发生：只要你能把思想装入对方的大脑里（占领对方心智），对方就会乖乖地把钱放在你的口袋里。

不断提升认知，去抢占"认知的制高点"，才是一个人的终身大事。

物质链和认知链

社会有两条链：一条是物质链，一条是认知链。一条是有形的，一条是无形的，就像太极的阳和阴，也像DNA的两条链条，互相交织成生命的基因。

物质链，是按照个体掌握的物质多少划分的。一个人掌握的资源越多，也就是钱、权、名越多，在物质链上的地位就越高。

认知链，是按照个体掌握的智慧高低划分的。一个人的认知水平越高，把人生看得越透彻，掌握的规律越深刻，在认知链上的地位就越高。

我们的问题在于，太看重自己在物质链上的位置，在物质的道路上永无止境地狂飙，生怕自己被落下，结果反而让自己陷入无限的精神痛苦里……

从现在开始，我们必须物质和精神齐头并进，这才能体现社会真正的进步。

就像那些纨绔子弟，天生就拥有家族财富，可大部分人都把它败光了，这是为什么？就是因为认知链太低的人是守不住物质链的。

话又说回来，一个人如果在认知链上处于高位，也可以很容易攀爬到物质链的高位。认知高的人即便没有很多钱但也不缺钱，他们把多余的精力都用在追求精神的满足上。

所以我们应该先提升认知，再去探讨人生该怎么过，而不是赚多少钱之后再去提升认知，那就是本末倒置了。

规律和命运

————————

思考几个问题：

一、先有因，还是先有果？

二、先有知道，还是先有做到？

三、先有觉察，还是先有改变？

四、先有提出问题，还是先有解决问题？

相信绝大多数人都是这样认为的：先有因再有果；先知道才能做到；先觉察才能改变；先提出问题才能解决问题。

然而量子力学告诉我们一个真相：因与果同时发生，知道和做到是不可分割的，觉察即改变，提出问题其实就是解决问题。

先来看看什么叫"量子纠缠"：微观量子世界中的两个粒子，能够超越时间和空间的限制，实现瞬间的感应和互相作用。

这也就是"因果同步"，说明因与果是同时存在的，反映在宏观世界上，就是行为与结果同步，这种现象让人难以接受。

以游戏作为例子，可能更容易理解。在网络游戏里，你释放技能的那一瞬间，能否击中目标已经是确定的，因为游戏规则都是由底层代码决定的，但是你在释放技能的那一瞬间是看不到结果的，你只能盯着屏幕看几秒钟，然后才能判断结果，其实结果早已存在，只是你无法知道而已。

现实世界和游戏类似，你的潜意识决定了你的起心动念，起心动念决定了你的行动，你的行动决定了你的结果。其实所有的结果在起心动念那一刻就"运算"好了。只是我们看不见而已，只能等待它的发生。所以绝大部分人是因为肉眼看见才相信，极少数人是因为相信就能看见。这里的相信就是信念。

在我们做出行为的那一刻，结果就已经确定了，后面发生的一系列过程，只是给结果一个合理的解释。人们把自己能看透的现象称为规律，把自己看不透的现象称为命运。

那么，会不会我们生下来的那一刻，命运就注定了呢？会不会我们起心动念的那一刻，结果就注定了呢？会不会我们觉察的那一刻，改变就已经发生了呢？会不会我们知道的那一刻，其实已经做到了？

中美文明差异

美国文明的本质

中国文明的本质

中美经济差异

○ ● ○

见天地 \ 中美文明差异

美国文明的本质

我们都知道美国的《独立宣言》，以及它对世界产生的重大影响，却很少有人知道《独立宣言》的前身是什么。如果刨根问底，可以追溯到它的前身——《海盗宪章》，从中可以真正看透美国民主的真相。

早在 17 世纪，加勒比海、新英格兰海域就开始海盗猖獗，18 世纪活跃在加勒比海的 700 名海盗样本显示，超过一半的海盗来自英国和美国。他们抢劫运送黄金、白银和其他商品的商船。

当时这些海盗为了能够分赃均匀，彼此签订了"协议条款"，后来基于这个协议又逐步完善成了《海盗宪章》，对海盗组织的运作做了规范。

比如《海盗宪章》的第一条规定就是"每个人都有对重大事件的投票权"，确认个人参与选举或罢免船长及其他官员的权力，除此之外还有：

1. 船长和舵手必须由全体海盗投票选举产生。

2. 每次成功抢劫战利品后，普通海盗领 1 份战利品，船长和舵手可领 2 份战利品，其他小头领可领 1.25 份至 1.5 份战利品。

为了使抢劫效率最大化，海盗组织需要确立机制防止内部冲突。他们通过确立选举制、制衡制、分赃制等维护了船上秩序，提高了海盗抢劫的效率。

有美国专家学者指出，《海盗宪章》最早出现"选举权""制衡制""代议制""分赃制"等，可视为美国民主的雏形，"构成海盗治理体系的这些制度，同美国现代民主政治制度非常相似"。

美国乔治·华盛顿大学哥伦比亚文理学院创办的"历史新闻网"发表文章指出："海盗规则对美国民主发展具有极大影响……《海盗宪章》事实上是美国民主的前身。"

来自英国威尔士的巴塞洛缪·罗伯茨一生掠夺了 400 多艘船只。他所创设的 11 条《海盗宪章》准则，是所有版本中流传最广的。

现在新英格兰海盗博物馆，还依然展示了历史上的《海盗宪章》文本、复原的海盗船，以及挖掘出的海盗宝藏等。

由此可见，美国文明的本质就是海洋文明。海洋文明最大的特点就是流动性、掠夺性、不确定性。美国就是一条大船，这个船上集合了奇才、海盗、流浪汉、西部牛仔、犹太人等各种人群。这群人的原始驱动力就是扩张和掠夺。他们因利益而相聚，一旦没有了利益，组织就会分散。

以大航海时代为起点，从最开始的西班牙、葡萄牙，到英国、法国，直到美国，都在走海外扩张路线，他们集体去打劫、分赃。他们分工明确，讲究规则，各自拿各自的份额，看似公平又合理，但是侵略掠夺就是他们的原始特征。

股市，就是这种情形的产物，它是一个自由经济市场。大家自由投票和选择，一个上市公司的股价就是股民选择的结果。美国股市不仅是美国财富的承载，也是美国经济的晴雨表。

中国文明的本质

中国就不一样了，中国文明的本质是农业文明。生活在农耕文明的古中国人，特别讲究稳定性，大家的幸福感都来自稳定：春生夏长，秋收冬藏，这些都是按部就班的事。人们对各种变化悉数于心，厌倦各种突变，比如各种天灾和外来入侵。

公共性、稳定性、秩序性就是农耕文明最大的特点。儒家文化之所以能在中国影响如此久远，是因为儒家的本质其实就是在讲述社会秩序，比如三纲五常，给每个人定好了位置，不能越位，行为也有规范。

此外，中国人自古以来追求的是天人合一的境界，尊重自然环境，追求人与自然的和谐。其实中国自古以来从不缺发明创造，但是总会被当成"奇技淫巧"，因为它们会破坏人与自然的和谐，所以就被抑制了。

中国人追求的是安居乐业，并且希望能跟其他民族"和而不同"，大家互相保持独立。看看中国地图就知道了，东西南北都有屏障，人们可以在其中安居乐业，一直持续了几千年。

房子，就是这种情形的产物。为什么房子在中国有了金融属性，成了我们信用的载体？因为中国人只相信那些看得见、摸得着、偷不走、用不坏、不变质、不过时的东西。放眼四望，只有"房子"能同时满足这些条件！

房价，其实就是中国财富的蓄水池。它变相地把我们创造的财富（信用）都积累了起来，也因此房价是中国经济的晴雨表。

中美经济差异

股市和房市，是地球上两种极具代表性的财富载体，也代表了世界上的两种文明：美国股市，发源于海洋，属于海洋文明（西方文明）；中国房市，发源于农业，属于农耕文明（东方文明）。

两种截然不同的文明起源，造成了人们行为和思维的差异，并由此形成了经济差异。

股票，即动产，是海洋文明的产物，它促进社会财富不断流动。房子，即不动产，是农耕文明的产物，它让人们安居乐业。

国家与国家的竞争分为三个阶段：第一个阶段是资源的竞争；第二个阶段是制度的竞争；第三个阶段是文化的竞争。

一切冲突最终都将是文化和文明的冲突，谁最能代表人类文明的发展方向，谁就会是最后的胜利者。

道德审判

社会的枷锁

社会的枷锁

———————

每个社会都有一个枷锁笼罩在上方：西方社会最大的枷锁是法律约束；中国最大的枷锁是道德审判。

西方社会的法律约束由来已久，它的起源是 3000 多年前的《汉谟拉比法典》(公元前 1776 年)，这是全世界第一部成文法典。

中国的第一部比较系统的成文法典《法经》产生于公元前 5 世纪，却要晚很多。

那么，中国在法典产生之前都是靠什么治国的呢？答案是一个字：礼。

周朝建立伊始，周公旦把从远古到殷商时的"礼仪"进行大规模的整理、改造，使其成为系统化的社会典章制度和行为规范，也就是《周礼》。饮食、起居、祭祀、丧葬等社会各个方面都被纳入"礼"的范畴，在无形当中约束了人们的行为。后来，这套完整的制度被儒家继承，成了儒家的思想和行为规范，影响了中国数千年。

　　"礼"的背后就是道德，符合"礼"的行为就叫"有道德"，符合"礼"的人就是君子，不符合"礼"的就是小人。小人是要受到各方面指责的，在社会上寸步难行，这就是"道德审判"的来源。

　　在西方社会，你只要不违法，有钱了就可以为所欲为。所以，有钱人可以有各种绯闻，就连总统都可以有绯闻。

　　但是在中国社会，无论你再有钱、有地位，只要不符合社会的道德范畴，违背了公序良俗，就要受到大家的谴责。"道德审判"对一个人的影响，甚至比法律约束要有用得多。同时，中国的有钱人也要接受道德的约束。

　　这恰恰也是中国社会公平的体现。在西方，金钱可以超越法律，而在中国就不可以。因为道德是无形的，而法律是有形的，金钱可以超越有形的法律，却无法超越无形的道德。

　　在西方，只要你足够有钱，就可以聘用最好的律师，这些律师可以钻法律的空子，从而帮助富豪超越法律对他们的约束。

　　而在中国，所有人都必须接受道德的约束，"道德审判"像一张无形的大网笼罩在最上方，没有人可以超越它。一旦触碰了道德的底线，就会被千夫所指，陷入万劫不复。

不过，凡事都有两面性。"道德审判"也有一个不好的地方，那就是人与人斗争的时候，喜欢往对方头上扣帽子，先站在道德制高点打倒对方，让这个人丧失所有的公信力，然后就可以轻松扳倒对方。

这也是我们活得累的重要原因之一。

文化与人性

各国文化的底层逻辑

未来谁能引领世界的发展?

各国文化的底层逻辑

人是文化的产物，什么样的文化造就什么样的人性。

洞穿一个社会文化的底层逻辑，就能看透一个人的各种行为，从而看穿社会运作的真相，也就很容易取得商业和事业上的成功。

那么，中国文化的底层逻辑是什么？

2500 年前，在人类群星闪耀的时代，很多智者分布在世界的三大文明区域：

当时中国正逢百家争鸣，这些思想家每天都在思考"人和人"之间的关系，他们教政治家怎么去管理，怎么去治国，怎么一统天下。比如孔子，还制定了一套人与人的秩序。

当时印度的哲学家，每天都在思考"人和神"的关系，人怎么才能像神一样逍遥自在。比如释迦牟尼就告诉大家万般皆苦，要修行才能脱离世间的各种痛苦。

当时西方正处在希腊文明的璀璨时期，希腊的哲学家每天都在思考"人和物"的关系，包括人和自然，人和社会等，比如苏格拉底，每天都在找人对话，就是为了启发大家的思考，寻找智慧。

老子说：道生一，一生二，二生三，三生万物。中国、印度、西方这三个不同的区域，衍生了三种不同的文化习性，也是人类文明的三大脉络，最终形成了人类的现代文明。

在现在的世界文明格局中，无论是中国、印度还是西方，依然都朝着 2500 年前就已经确定的思想方向在发展，并且一脉相承：

如今的中国，所有的关系到最后都会归结到"人与人"的关系。有人的地方就有江湖，有江湖就有江湖规矩。在中国，懂江湖规矩非常重要。

现在的印度人呢，至今还在思考"人和神"的问题，他们认为人这一辈子活着就是为了修行的，修行的目的是超脱，然后下辈子就可以像神仙一样逍遥自在，所以印度人特别善于"身心灵"的修行，比如瑜伽就是寻找内心，寻找神奇的力量。

再看看西方，为什么近代西方的科技那么发达？因为他们始终在思考"人和物"的关系，尤其是"人和自然"的关系。人要改造自然，他们还善于钻研"物体和物体"的关系，最终诞生了科学，有了各种发明创造，用来改造自然。

人活着的最终目的就是追求自由：

西方人喜欢通过"外求"来追求自由，他们要不断地征服外界和自然；印度人喜欢通过"内观"来追求自由，他们要不断地探寻自己自内心深处；中国人喜欢通过"自强"来追求自由，就是要自强不息，不断地让自己强大。

中国人的这种"自强"，也带有一种争气的味道，所谓"吃得苦中苦，方为人上人"。

以吵架为例，西方人处理吵架的问题时，总是会把谁对谁错分得很清楚，这样结果虽然是明朗了，但是兄弟两人的心也散了。这样，即便是分出了对错，但是感情出现嫌隙，兄弟俩走向了对立，又有什么意义呢？

因此在中国，长辈处理兄弟吵架、老师处理同学打架、领导批评员工争执，往往会说你们两个都有错，然后让他们互相反省，互相道歉，互相承认错误，彼此各让一步，大家就握手言和了。

即便你有理，你是对的，你也不能得理不饶人，也要说自己错了，这就是中国人处世哲学的微妙之处，西方人是无法理解的。

人和人之间，如果一定要为了争个对错而较劲，结局一定是对错出来了，真理显现了，但是人心涣散了。

未来谁能引领世界的发展？

显然是中国人。因为中国善于处理"人和人"的关系，善于"管人"和"治人"，能带全体人类走向"人和"，这是人类的必然。所以，只有中国人会提出"人类命运共同体"这一宏图大业。

西方人适合埋头做事，适合发明和创造，出科技成果，适合做产品，不断地为人类提供物质财富。

印度人适合充当人类心灵的导师，宽慰大家的心灵。让我们时刻内观自己，时刻接受灵魂的洗涤。

人类的竞争，最终是文化的竞争。

中国最符合"天道"

为什么中国最符合"天道"

人类文明史已经有 6000 多年了，而中国是世界上唯一能将自己的文明一脉传承下来的国家，因为中国才是地球上最符合"天道"的国家。

凭什么这样说呢？

《道德经》里说：天之道，损有余而补不足；人之道则不然，损不足以奉有余。孰能有余以奉天下？唯有道者！

这句话是什么意思呢？举个例子，"天道"是把富人的钱补贴给贫穷的人。而"人道"则是相反的，大家去巴结富人，踩挤那些穷人，因此"人道"只能让富人越来越富，穷人越来越穷。

"人道"是不公平的。"天道"是合理的，它在冥冥之中维护了世界的公平。中国是"天道"践行者，很符合"道"，所以可以长存。

中国社会最大的特点在于，不让少数"成功者"一直坐享其成，要去惠及广大群众，并且给他们提供上升的通道，同时也对

"成功者"戴一个"紧箍咒",从而让社会永葆活力,这也是中国社会的公平之处。

经济危机的本质

经济危机的原理是这样的：商家为了追求利润，盲目地扩大生产，但是这些产品越来越难卖。消费者以广大劳动者为主体，但是社会的财富不断向一小部分有钱人手里集中，这些人虽然有钱但毕竟是极少数，只靠他们是没法拉动消费的。

劳动人民作为消费主体，却没有那么多钱去消费，尤其是遇到天灾人祸的动荡，老百姓就更不愿意去消费了。大家都不消费，于是产品大量过剩，消费萎靡不振，社会难以发展。

经济危机的根本原因，就是劳动者无法享受社会创造的物质财富。而中国以一种微妙的方式，让他们享受社会发展成果。

举个例子，中国的互联网非常发达，先后诞生了淘宝、拼多多这样的网购平台，抖音、快手这样的娱乐平台，而且还产生了与之相匹配的物流体系，延伸到了农村各个角落。其实互联网经济的最大的价值，就是变相地惠及老百姓，提升他们的购买力（消费水平）。

如果没有这些网购平台，那么很多产品根本就不能得到真正的普及，比如一些科技创新，被商家迅速模仿和演绎，然后让相应产品迅速充斥到各个角落，这让很多所谓的高端商品实现了平价化。

如果没有拼多多，广大农村地区的老百姓，根本就不知道很多高端产品为何物，而且那种天价是他们想都不敢想的，但是如今在拼多多上，你几乎没有买不到的东西，甚至比淘宝更便宜。

也包括各种微商和小众品牌，他们擅长打破各大品牌的溢价，把相同品质的东西做成廉价产品。

当然，一定会有人这样说：这两大平台导致山寨产品横行，价格战不断，并没有实现消费升级。我认为这是一种傲慢的偏见，他们根本没有考虑到广大老百姓的购买力。

山寨产品和奢侈品的区别

正是由于资本主义制度导致的穷人的消费能力停滞不前，这一不合理的社会现状，导致了山寨产品无处不在这一不合理情况的发生。

山寨产品横行无非是用另一种形式来平衡这个世界的不公平而已。

换一个角度做个说明：世界上的东西并没有真假之分，真到假处真亦假，假到真处假亦真。

当一件产品的价格设置不够合理、严重偏离了其使用价值，它也是一种"假货"，比如昂贵的奢侈品。

很多奢侈品，为了能够躺着赚钱，利用人性爱慕虚荣、爱攀比等弱点，再加上文化植入、稀缺性等，一直把价格设置得很高，是一本万利的生意。的确，奢侈品的存在是合理的，因为很多人愿意为这种高价埋单。

但是，山寨产品的存在也是合理的，因为它们以更低的价格做出类似的产品，也是满足了不同层次消费者的需求。

大家想想看，很多服装厂的工人，承受着巨大的工作量，却只能获得一份糊口的收入；而那些奢侈品，只要有授权就可以大发横财。

那些奢侈品也是这些普通工人生产的，但是这些工人享受不到一分钱的品牌溢价。试想一下，如果没有这种打破品牌溢价的产品，有多少工厂、工人，永远都处在被剥削的最底端。

哪里有压迫，哪里就有反抗。奢侈品可以把100元成本的东西卖到10000元，为什么就不能有人把10元成本的东西，卖到11元？

山寨产品什么时候可以消失呢？

当每一个劳动者获取的回报，都能等同于他创造的价值的时候，当各种不平等、剥削、压迫都消失的时候，不仅山寨产品会消失，各种欺骗和野蛮也会自然消亡。

决定一个社会能否长远发展下去的，就是看它能不能以行之有效的手段惠及普罗大众。

中国独特的生存逻辑

为什么阿里巴巴、拼多多、京东都在不断地做下沉市场？为什么抖音、快手不断地鼓励农村的农民带货？为什么我们要实施"精准扶贫"？就是出于这个原因。

不断地打破发展平衡，再制造出发展平衡，就是经济发展的根本驱动力，也叫熵增理论。但是世界上除了中国，没有哪个国家能制造出发展差别之后，还能再实现差别平衡的。

不让少数人能一直坐享其成，永远给大多数人留下上升的通道（比如高考和创业），就是中国最特别、最神圣之处。

人类每产生一种不合理的现状，上帝都会设计另一种不合理去对冲。

放眼国际，中国也一直擅长把打破高科技的垄断，把高科技产品卖成"白菜价"。

以美国为代表的西方国家，掌握了很多高科技产品的核心技术，让世界各国沦为他们的工厂，他们从中赚取巨额利润。而中

141

国是这些垄断技术的粉碎机，中国通过不断创新的技术碾碎了西方国家的壁垒，创造出了那些和高科技同等价值的产品，让全世界一起享受科技成果，这就是中国制造对世界的一大贡献。

既然中国的产品又好又便宜，那么全世界都来买中国的东西，当然也包括美国人，那这时美国只有给中国的产品加税，才能保护本国产品，所以才有了贸易战。

中国人以更低廉的价格享受到了现代文明的成果，损害的是那些一心想坐享其成的资本家的利益，得到实惠的是老百姓。

这就是中国独特的生存逻辑，这个生存逻辑保证了中国文化优势。

局部和整体的关系

一切偶然都是方向，只是你未曾领悟。一切局部的恶，都是为了整体的善。一切局部的不和谐，都是为了整体的和谐。存在就合理。

有一只无形的手叫"天道"，一直在维护着中国的公平，而中国又在维系着全球的公平。

绝大多数人只能看到局部，只能看到局部的不合理，却缺乏整体思维，看不到整体的合理性。

如果你拿着放大镜看社会，处处都是问题，但是如果你站远一点看问题，才能发现它的公平之处。

看待问题的高度，决定了一个人的格局。如果你站在 3 楼往外看，看到的都是垃圾；如果你站在 20 楼往外看，看到的都是风景。

第三章・见

众生

人生成长曲线

爱情与婚姻

深思见真知

人生成长曲线

“真我”
_____

如何遇见“真我”？
_____

人生有四关
_____

"真我"

当一个人不断地学习和成长时，就可以不断地往上走。至少，我们可以通过学习和精进成为一个成熟的人。

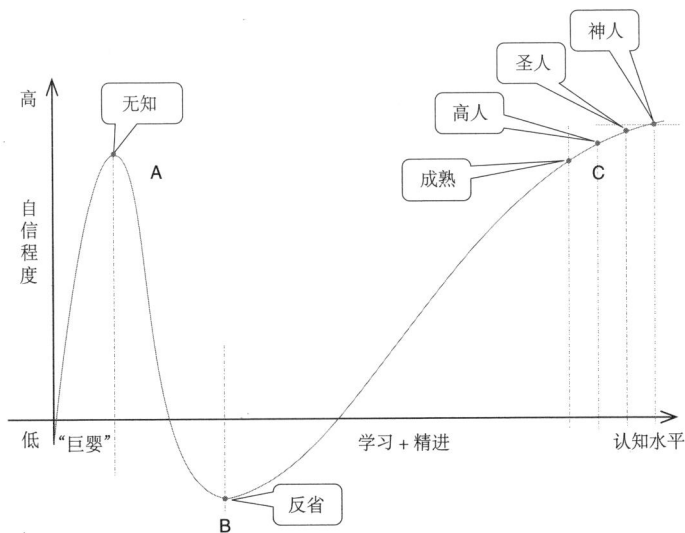

人生成长曲线图

其实，当我们持续攀升，有一天遇到那个"高维的我"时，我们就修出了自己的"神性"。这时，你是自己的神，因而有句话叫：我就是我的神。

所谓"高维的我"，不同领域有不同的叫法，心理学称它为"真我"，佛家称它为"阿赖耶识"，道家称它为"元神"，禅宗称它为"明心见性"，阳明心学称它为"良知"，我们称它为"初心"，等等。

"真我"是最美的自己。人一生最重要的事，就是找到"真我"。最美好的事，就是拥抱"真我"。

世界上最浪漫的爱情，莫过于爱上最美的自己。这时一个人本自具足，也就是实现了自我的圆满。

如何遇见"真我"？

那么，一个人该如何精进，才能遇到"真我"？

首先，一个人在最初阶段就应该先把起码的礼义廉耻、行为习惯梳理好。这是一个人的立身之本。

处在这个阶段的时候，最需要的是具体的方法。这个阶段的人，往往听不懂深刻的道理。他们需要做一些很务实的事情，需要脚踏实地地前行，需要被指导和教化。这就是儒家的定位和任务。

因此，在这个阶段需要学习儒家的思想。儒家思想以《论语》为核心。《论语》这本书没有讲深奥的道理，全部告诉我们应该怎么做，而且都是很具体的方法，比如"温故而知新"，意思是要不断地复习；比如"三人行必有我师"，意思是要时刻谦虚好学；比如"己所不欲，勿施于人"，等等。

阐述儒家思想的还有《大学》《中庸》《孟子》《诗经》《尚书》《礼记》《周易》《春秋》，与《论语》合称"四书五经"。这也是科举制度要考的主要内容。中国之所以以儒家思想为核心，就是为了在品行上教化大家，初心要正，做人要正直。

儒家主要修我们的初心，人一旦初心有了问题，剩下的路就会歪掉，很容易走向邪门歪道，误入歧途。一个人初心正了，能力可以慢慢提升；如果一个人初心歪了，能力修得再强都没用，对社会的伤害只会更大，最后也会把自己毁掉。

因此，我们在出发之前，一定要先学习好儒家的思想。记住，这是我们的立足之本！

到了一定阶段，在我们做人堂堂正正，并且掌握了很多方法、技巧和经验后，该怎么继续提升自己呢？

这个时候，我们会发现很多方法的背后，似乎有一个规律在支配着。我们不再只想学习和积累更多知识，而是想直接去掌握背后的那个规律，也就是从量变到质变的突破。这就是更高层次的需求，这时就需要"悟道"了。

这也是道家的核心定位和任务。中国人自古以来都喜欢"求道""问道"，盼望能够"得道"。很多厉害的人都被称为"得道高人"。

"道"就是规律，是本质，是世界的底层逻辑。抓住了它就掌握了世界的趋势和走向，从而可以驾驭很多事。

《道德经》里说：为学日益，为道日损。我的理解是，当我们学知识的时候，会越学越多；但当我们提升智慧的时候，就会越悟越少，因为大道至简，到最后越来越简单明了，一目了然。

知识和经验是分领域的，但"道"是不分领域的，它让我们一通百通：由一滴水看到整个大海，由一粒沙看到整个沙漠，由一棵树看到整片森林。

这也是我们论述的"道"和"术"的关系。"术"是经验和技巧，比较简单。如果一辈子只停留在"术"的层面学习，那就会越学越多，且无法灵活运用。一旦我们从"术"升华到了"道"，再去看"术"就会很简单，因为是从高维看低维。

道家的核心思想是《道德经》。这本书可以很好地帮我们"悟道"，里面没有很多具体的操作方法，但是当你参透了其中的逻辑，又会让我们自己生发出各种方法。这就是用"无形"生"有形"，在无形当中掌握很多方法。

当我们掌握了世界和人性的底层规律之后，如果还想继续提升，又该修什么了？

我们先来看一个人的能力结构：

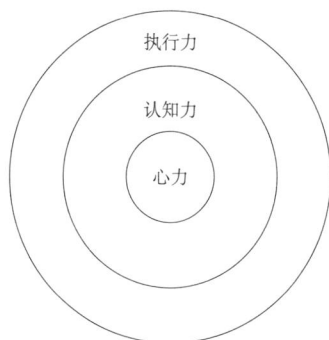

个人能力结构图

最内一层是心力，往外一层是认知力，最外面一层是执行力。所以，心力才是一个人的核心。所谓心力就是内心强大、淡定、无所畏惧。心生万法。一颗强大的内心，比掌握任何技能和方法都重要，也比掌握规律和认知更重要。

儒家可以提升我们的执行力，道家可以提升我们认知力，佛家则可以提升我们的心力。

道家教我们抓住规律，炼出一眼看透本质的能力；佛家教我们看穿真相，炼出可以超越生死的勇气。

佛家教我们放下执念。人的大部分痛苦都是由执念造成的。佛家教我们不要着相，因为我们平时被各种假象束缚，无法看到真相，所以迷茫困惑。

阐释佛家核心思想的著作中有两种很有名，它们是《金刚经》和《心经》。

《金刚经》里有一句话叫：应无所住而生其心。什么意思呢？就是你眼里越有谁，你就越看不见谁。为什么呢？因为你眼里有谁，就说明你越在乎谁，相当于他就"住"在你心里了；而你越在乎谁，你就越看不清他最真实的样子了。你看到的都是你最想看到的，是你想象出来的美好，对方的一切在你眼里都是好的，这也叫"情人眼里出西施"。

当你喜欢一个人的时候，是无法看清对方的，你只会选择性地看到对方好的一面；当你不喜欢他的时候，你才能正确、客观地看待和评价他，因为这时他已经不"住"在你内心里了。

因此，只有当我们内心不住着任何人和事的时候，我们才能看清最真实的世界。

《心经》里有句话说，色即是空，空即是色……无眼耳鼻舌身意，无色声香味触法。意思是，那个我们用感官系统所能直接感受的世界，都是我们自己内心的投射，都是我们生起的妄念。当我们关闭自己的六根，用"心"去"看"世界的时候，才能看到真实的世界。

《心经》里还说，心无挂碍，无挂碍故无有恐怖，远离一切颠倒梦想苦恼。意思是，我们之所以每天都在焦虑，是因为我们的内心被某种东西牵绊住了。当我们的内心没有任何挂碍时，才能远离各种担心，才能自在地活着。

人在什么时候才可以无牵无挂呢？当我们本自具足的时候，也就是修到内心圆满了，这时对外自然就没有其他需求了，才可以不被外在事物牵绊。

佛教有很多派别，"禅宗"是中国化的佛教。禅宗大师六祖慧能认为，人人心中都有佛性。

乔布斯、稻盛和夫修的都是禅宗。禅宗不讲究形式，只为拨开层层尘土去见那个"佛性"，一旦明心见性，即可顿悟成佛。

禅宗修的是空性。空生妙有。六祖慧能写过一首我们耳熟能详的诗：菩提本无树，明镜亦非台。本来无一物，何处惹尘埃？这就是一种空性，因为在他眼里，镜非镜，尘非尘。

有人问六祖，自己皈依了，需要每天持戒和打坐吗？六祖回答：心平何带持戒，行正何用修禅。意思是：你有自性清净心，又能自性般若行，还需要每天持戒和打坐吗？话说回来，你脾气照样发，坏事照样干，那么你每天持戒和打坐又有什么用？

禅宗不重戒律，不拘形式。《六祖坛经》是禅宗代表性作品。

接下来，谈谈王阳明的心学。

心学的本质就是禅宗思想加儒家思想，所以蕴含了无穷的力量。

六祖慧能以定慧论知行，这种观点直接影响到王阳明对知行的理解。知行合一，不是讲知行的先后问题。正如慧能所说："莫言先定发慧，先慧发定，各别。"

王阳明"知行合一"中的"知"，和我们平时的见闻之"知"，是不同维度的概念。"知行合一"的"知"是到了潜意识层面的"知"，是"真知"。见闻之"知"是听说，是看到，是被说教。而太多人都把"听说和看到"当成了"知道"。

你所被告知的一切道理和答案，并不属于你。你所能直接获取的一切信息也并不属于你，只有在它们进入你的大脑之后，经过思考和审视，在某一时刻跟你的经历相结合，让你恍然大悟：原来是这样的，在这一刻，它们才真正属于你。

学习到的是知识，领悟到的才是智慧。真正的知道，不是听说了就叫"知道"了。真正的知道是真知的"知"，是进入自己内心深处的"知"。而绝大部分时候，我们说的"知道了"最多是"知晓了"。

别人告诉我们的一切知识与技巧，并不属于我们。只有在我们经过特定练习，成为一种本能的时候，才真正属于我们。

"知行合一"可以理解为，"知道"是和"行为"统一起来的，知道即可做到。只要你能"知道"，一定可以做到；你之所以做不到，就是因为你不知道。你所谓的"知道"也只是自认为知道而已。

一旦到了这种"知行合一"的境界，我们就离自己的"真我"很近了！

这就是一个人的成长之路，也可以说是修行之路。

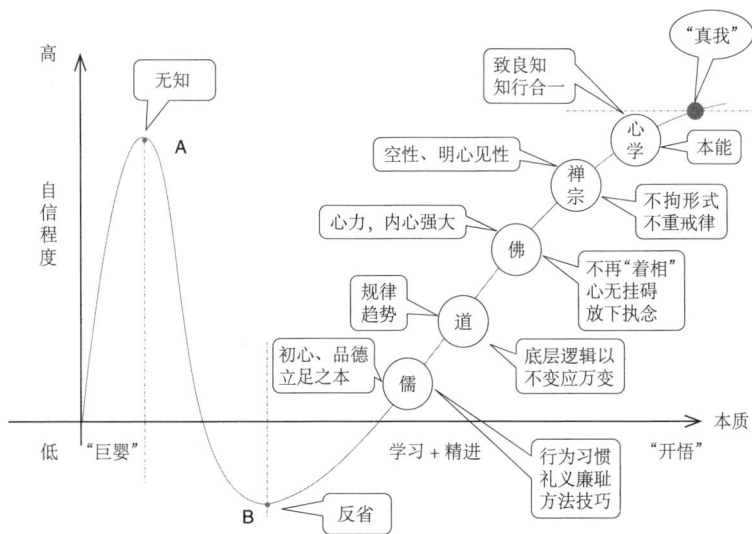

人生认知成长曲线图

总结一下：儒家修的是"初心"，让我们有立足之本；道家修的是"认知"，让我们把握规律、看清趋势；佛家修的是"心力"，让我们放下执念、内心强大；禅宗修的是"空性"，让我们明心见性、内心明亮；心学修的是"知行合一"，让我们把修行成果应用到现实生活中。

从儒家到心学，就是从现实出发，经过成长后又回到现实。而且心学也属于儒家，这不是一种巧合，而是一种规律和必然。

人生有四关

人生就是一场修行，我们要在这条路上过关斩将。

人生有四关：第一关是廉耻关，第二关是情欲关，第三关是名利关，第四关是生死关。

所谓"廉耻关"，就是做人要知道各种礼义廉耻。这是我们的行为底线。

所谓"情欲关"，就是不再被情欲掌控，能让情欲收发自如。女人要过情关，男人要过欲关。

"真我"

所谓"名利关"，就是能够不再被名利所累，不再活在世俗的评价里。

何谓"生死关"，就是不再惧怕生死，因为心中有着超越生死的使命。

儒家帮我们破"廉耻关"和"情欲关"；道家帮我们破"名利关"；佛家帮我们破"生死观"。

高

愚昧之巅

A

自
信
程
度

成熟　　生死关

名利关

情欲关

廉耻关

低　"巨婴"

学习＋精进

人生关卡

B　　绝望之谷

C

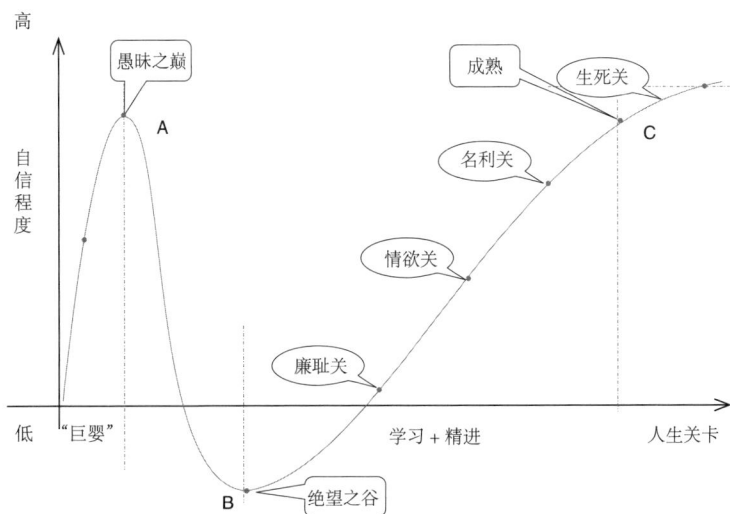

人生"过关"曲线图

爱情与婚姻

相　遇

————

相遇的最高境界，是再见胜初见。

初见之美，美在朦胧，美在乍见之欢，但往往转瞬即逝；能超越初见的，就是对灵魂的期待。

当两个人能在灵魂层面互相看见、互相碰撞和互相激发时，每一次见面都有惊喜，都能遇见全新的对方和自己。于是，永远期待下一次的相遇。

人生之美在于初见，人生的意义在于再见。

明知不一定有结果，还要去爱吗？

有一个很值得探讨的话题：如果你跟这个人没有结果，而你又特别喜欢这个人，那么你是要过程还是转身就走？

我第一次看到这个话题的时候也是想了好久。现在我们一起思考几个问题：你看电视只看最后一集吗？你看书只看最后一页吗？你看比赛只看最后的比分吗？很显然不是，那又是为什么呢？

众生畏果。大多数人只在乎结果，忽略过程。那么结果是什么？两个人互相喜欢，开始谈恋爱了，叫结果吗？谈恋爱也会分手。那结婚是结果吗？结婚也会离婚。那携手共度一生是结果吗？总有一个人会先离开世界。所以，两个人互相喜欢了，究竟什么才是结果呢？

结果成了人心里的一把枷锁。我们做什么都直奔结果而去，得到了就无聊，得不到就痛苦。人生就在无聊和痛苦中徘徊，做什么都想立刻要结果。有赚一个亿的欲望，却只有等待一天的耐心。

其实，每个人最终的结果都是一样的，那就是无论你一生多么辉煌，最后都会死去，这才是最终的结果。人与人唯一的不同，就是过程的不同，体验的不同，感悟的不同。

当你不再为了得到，而只是去爱；当你不再为了成绩，而只是去努力——真正的人生才刚刚开始。相遇就是结果，去做就是结果，爱过就是结果。明知不一定有结果，还要努力去爱吗？这个问题我终于有了答案，那就是：享受过程，尊重结果。

爱情的三层境界

为何世人一直都在追求真爱，但鲜有人见过真爱？爱情有三个境界，唯有体验过第三层境界的人，才懂什么叫真爱！下面我们就来依次看看：

第一层境界：世界上珍贵的东西，只留给懂它的人。

《小王子》中有一段令人感动的话：

我的院子里有四万万朵玫瑰花，每天我都会在院子里抱着一本书看，路人熙熙攘攘地路过，每当有人问我要一朵玫瑰，我都摇摇头。直到那一天，他来了，笑吟吟地走到我面前，低下头温声地问我："看的什么书呀？"那一刻我就知道，这四万万朵玫瑰花和我，都是他的了。

《西游记》里也有一段经典对白。观音菩萨对唐太宗说：能识此宝者，分文不取；不识此宝者，千金不卖。

千帆过尽，皆不是我心所爱；弱水三千，哪一瓢知我冷暖？举世滔滔，唯知己渺渺。斯人如彩虹，遇上方知有。茫茫人海中，当你遇到那个真正懂你的人，人生瞬间会被点亮，就像一束光射到生命中。因为懂得，所以拥有；因为懂得，所以珍惜。

第二层境界：因为爱你，从而爱上了全世界，

一切都是最好的安排，相遇从来不分早晚。只要是对的人，只要相遇了，永远都不晚。

林徽因在诗里写道：你是爱，是暖，是希望，你是人间的四月天！

甚至因为你的出现，世界变得更美好了；因为爱你，从而爱上了全世界。这就是爱情的伟大和神圣之处。

第三层境界：我爱你，与你无关。

刚才提到的《小王子》那段话的后半部分是这样的：

后来，他带着我的四万万朵玫瑰花离开了。大家都说："你真傻呀，他就是为了你的玫瑰花来的，现在他把你的玫瑰花都带走了，怕是不会回来了，如今倒好，你什么都没有了。"但是只有我知道，我虽然失去了我的玫瑰花，可是我的心里有了一个他，

人生已经值得。

林徽因也有一段话，是非常好的诠释：

你若拥我入怀，疼我入骨，护我周全，我愿意蒙上双眼，不去分辨你是人是鬼。你待我真心或敷衍，我心如明镜，我只为我的喜欢装傻一程。我与春风皆过客，你携秋水揽星河。三生有幸遇见你，纵使悲凉也是情。

的确，爱情的最高境界是我爱你，与你无关。

真爱是什么样子的?

我们经常提到一个词:柏拉图式的爱情。可惜这个词被世人误读太深。所谓柏拉图式的爱情,并不是单纯指"精神之恋",还有着更加深刻的内涵。

柏拉图是一位非常了不起的哲学家,在他的世界观里,"真爱"是世界上至高无上的东西,也是高维度的东西。它纯洁无瑕,高高在上,让人高山仰止,可望而不可即。

正是因为它的维度太高,太纯洁,所以不能跟任何东西结合,因为其他东西的维度都比它低,一旦结合,爱情就荡然无存。

比如,爱情跟生活结合,就变成了婚姻,于是两个人每天都要面对一堆生活琐事,整天探讨的都是柴米油盐酱醋茶,爱情被生活琐事不断地消磨,最后往往就此消失。两个人最终变成搭伙过日子,或者成了亲人。

同样的逻辑,爱情如果跟名利结合,跟物质结合,跟欲望结合,爱情都会悄然消失。

守护爱情最好的方式，要像守护一盏明灯一样，让它高高在上，就这么去仰望它，欣赏它，让它成为生命的希望。

你看到一朵花很漂亮，如果你非要把它采摘下来带回家，它很快就会在你面前枯萎。喜欢一朵花最好的方式，就是经常路过去看看它，可以给它施肥浇水，但千万不要试图去独占它，因为它被你占有的那一刻，它就不是它了。

然而绝大多数人喜欢一个人的反应，就是想去拥有她，独占她，结果得到她之后没多久就开始后悔，说她不是自己想象的样子。其实这是因为自己的执念太重、欲望太深。

所谓爱情，终究敌不过人性。

所以《围城》里有句话：不管你跟谁结婚，结婚以后，你总发现你娶的不是原来的人，而是换了另外一个。

因为你娶了她，她就失去了自己的独立性。

最后做一个总结：完美爱情的状态是什么样的呢？

始于理解，合于欣赏，终于默契，无声胜有声。不需要特定的名分，但要有灵魂的共鸣；不需要时刻在一起，但是心可以随时连接；不用担心给对方添麻烦，更无须担心自己是否多余。一个眼神，他便懂你心思；只言片语，他便知你冷暖；可以相敬如宾，也可以情意绵绵。久处不厌，闲谈不烦；从不怠慢，绝不敷衍。亲而有间，相互独立；不需约束，无须缠绕。亦师，亦友，亦恋人。你懂我的欲言又止，我懂你的言外之意。这才是真爱！

智者不入爱河

所谓"智者不入爱河"，人一旦开悟了，还会有世俗的爱情吗？

很多人所谓的"爱"，都是自己匮乏、不圆满、不成熟的结果。因为他们内心的匮乏和不圆满，所以总是期待能够遇到一个人来填充自己，这就是外求。当他们遇到很符合自己口味的人，就期望通过自己的付出感动对方，让对方填充自己的欲望、匮乏、需要。

太多人把"欲"当成"爱"。一个人内在越匮乏，物质欲、情欲、满足欲就越旺盛。他们期望遇到一个人来满足自己的各种欲望，对自己好，宠着自己，填充自己的精神空虚。于是，他们刚开始的时候拼命地付出，一旦得到之后就加倍地、疯狂地索取。当两个人互相把对方掏空之后，就开始陷入空虚之中，开始互相内耗，互相看不惯。

这不叫爱情，这是打着爱的幌子互相伤害。这就是世间的沉沦之河。所以世间所谓的"爱情"，到了一定阶段就是悲剧。

所谓智者，就是自我圆满的人。他们成熟、饱满、本自具足。

因为不再匮乏，所以他们跟任何人在一起，都没有索取的倾向，反而会给予别人。所谓"自利利他，自爱爱人，自度度人"，只有当一个人真正学会了爱自己，让自己走向成熟之后，才有资格去爱别人，否则所谓的"爱"都是空谈。

世人口口声声说爱别人，又有几个懂得怎么去爱自己的？爱自己，就是先让自己走向成熟圆满，让自己不再对别人有所期待，让自己实现自我富足，无论是情感还是物质方面。

所谓"爱满则溢"，当一个人真正学会了爱自己，他们才会有溢出的能量，才能把多余的能量给予别人。这个给予的过程，才是爱。这种爱是不求回报的，而且对对方没有任何期待。真正爱一个人，就是亲眼看着对方变好。

当你不再以独占、霸占对方为目的，而只是想让对方好的时候，才是真正地爱对方。所谓"我爱你，跟你无关"，指的就是这种境界。

这样的爱是不会痛苦的。痛苦的根源是期待，期待的根源是自己的不圆满。真正的智者，对他人没有期待，只会对自己的圆满有期待，所以他们只爱自己。当你真正地学会爱自己，才有资格去爱他人。一个人实现了内心的圆满，就是对社会最大的贡献，因为这时你散发的都是真正的爱。

　　智者不入爱河，这条河就是沉沦之河；智者不为情所困，这个情就是迷情。

灵魂伴侣

遇到灵魂伴侣的感觉是怎么样的？

如果你遇到某个人，他让你感到非常愉悦，抛出的梗对方都能接得住，而且特别能理解你。先不要得意，很可能你遇见的并不是知己，而是由于对方的认知极高，他在跟你"降维沟通"，或者说是在"向下兼容"你，这是对方修养和能力的体现。

同理，如果你和一个男生或者女生交流，对方让你感到极度舒适，最大的可能不是遇到了一个真正懂你的人，而是对方在努力迎合你，也许你已经是他的猎物了，或者他对你另有所图。

真正的灵魂伴侣在相遇的时候，开始总是皱巴巴的，因为彼此在同一个水平，所以很容易产生制衡，甚至互相捉摸不透，然后才一点点地展平，开始吐露自己的心声，彼此走入对方的内心世界。

开头就顺利的事情，接下来往往会越来越不顺。开头就艰难的事，接下来往往会越来越顺。

两性相处之道

男女最舒服的关系是什么样的？

不一定有特定的名分，但一定有灵魂深层的连接。双方交流时没有任何芥蒂，不用刻意去描述，更不用捉迷藏。双方随时在线，直奔主题，不需要客套和引入。不忙的时候就秒回，忙的时候就方便了再回复，没有任何猜测。

不用担心给对方添麻烦，不用担心自己是否多余，不需要隐瞒和谎言，没有心机、没有顾虑，想说就说，偶尔牵挂。在彼此面前能做真实的自己，不用做作，也不用端着。因为真实才能放松，因为放松才能惬意。

比朋友的分量重一些，比恋人的分量轻一些。友情以上，恋人未满。

幸福的本质

————————

人生最大的围城就是里面的人总想出来,外面的人总想进去。进去和出来之后又开始后悔, 又想逃离现状……

很多人觉得生活太无聊, 是因为地方不够好, 工作不够好, 或者是身边的人太无趣, 然后期待换一个地方、换一份工作、换掉身边人, 从而过上如意的生活。

然而现实往往是, 无论他们换了多少地方、多少份工作、多少个身边人, 生活最终还是百无聊赖, 生活还是一潭死水。

比如, 前些年很多人离开一线城市去丽江开民宿, 期待从此过上世外桃源般的生活, 结果最后还是回来了。很多人厌倦了世俗生活, 跑到深山老林的寺庙去修行, 结果发现那里又是一个江湖, 最终还是那些事。很多人认为另一半太无趣, 于是就找了一个能带给自己激情的人, 结果在一起后没多久, 发现对方还是不如意, 最后还是分开了。

究其本质, 一个人只要自己的内心是无趣、苍白的, 无论在哪里, 无论做什么工作, 无论跟谁在一起, 最终都是无趣、苍白的。如果指望逃离城市，逃离工作，逃离婚姻来改变自己的不幸，注定是竹篮打水一场空。

一个人成熟的标志就是，他知道了求人不如求己，只有自己才能救赎自己。我们要做的，不是期待外界或他人给自己幸福，而是把自己变成一个有"幸福力"的人。幸福不是靠缘分，而是一种能力，一种习惯，一种状态。

内心幸福的人，无论到哪里，无论和谁在一起都幸福。内心不幸福的人，无论到哪里，无论和谁在一起都不幸福。幸福只跟自己有关，跟外界、他人无关。

婚姻的本质

────────

无论是在各种文艺作品，还是在各种教育观念中，我们从小就都被灌输这样的理念：一定要找到那个对自己最好的另一半，你才会幸福。

也就是说我们获得幸福的办法，一定是遇见一个好的人才可以。怎么去遇见呢？去寻找，靠缘分，或者坐等，至于能不能找得到、等得到，那就要看你的运气了。

这就是典型的"弱者思维"，将自己的幸福和前程寄托在外界和他人身上，遇到了是自己的幸运，遇不到就是自己命不好。

其实，婚姻不是你的救世主，你才是你的救世主。可惜，我们一直都不敢面对这个真相，宁可活在虚幻里，也不愿意活在残忍的真相里。但唯有面对现实，才能改变现实。任何关系的本质，都是自己和自己的关系。

我们心中的愤怒、怨恨，都是我们自己的问题。别人只是一面镜子，投射出我们内心的残缺。我们内心越缺少什么，越在乎什么，就对什么越敏感。很多愤怒和不幸都是我们自己想象出来的，源于我们内心的残缺。我们的愤怒，其实是对自己无能的愤怒。

只有当一个人实现了自我圆满，能够做到爱自己，爱满则溢，然后才能真正地对别人好，才能做到"利他"，才能学会爱别人。

如果一个人的内心是残缺的、匮乏的、褶皱的，怎么可能去爱别人？他们口口声声说着"爱你"，只是为了弥补自己内心缺失的存在感。

即便这些人也愿意去付出，但是由于内心的匮乏，每付出一分甚至都想要十倍的回报，你的回报稍微迟缓一点他们马上就委屈了，愤怒了……

其实，绝大多数人需要的不是爱情，而是由于自己内心残缺需要的一种弥补。当遇到了可以弥补自己内心残缺的那个人，就会对他产生依赖，就认为自己的幸福有归属了。这其实也在悄然间滋生了悲剧。

依赖什么，一定要保持一个警醒，因为依赖越多，关系越快变味。当被依赖的对方放弃照顾你的时候，你就惨了。只要自己不圆满，就永远会对他人有需求；只要我们对他人有需求，就容易被人凌驾于自己之上。

很多人这时满大街哭喊，说是世界欺骗了自己，不愿意再相信爱情了。这究竟是自己的问题，还是别人的问题呢？

我们应该时刻警惕把"占有"当"爱情"，把"索取"当"成长"，把"依赖"当"互助"，不要总是外求，而从不自我审视。

爱情只属于那些能够实现独立的人。真正拥有爱情或者最有资格恋爱的人，是有能力一个人在这个世界上生活的人。只有这样的人，他才有能力散播温暖，既不会成为别人的压力和负担，也不会没有爱情就惶惶不可终日。

还有很多女人以为，一个男人真正爱自己，就是无条件地为自己付出，无条件地对自己忠诚。如今，人和人之间变得越来越独立。这早已不是那个谁需要为谁去死，或者谁需要谁为自己去死的时代了。

未来，我们都是独立的个体。人一旦走向独立，就不再需要互相牺牲，而是需要互相成全。

我们需要保持自己的独立性。它包括人格的独立和经济的独立。只有这样，才有资格和另一个人互相成全。是的，我们生来就不完整，但是我们可以自己把自己变得完整，而不是把这种完整性寄托在另一个人身上，不是让另一个人来补充或完善我们。世界上没有任何一个人能为你的幸福负责。千万不要试图从另一个人那里获得幸福，我们必须有一种把自己变得完整且幸福的能力。

爱情应该是相对独立的两个个体摇着小舟彼此靠近的过程，而不是一个人历经千辛万苦，上了另一个人的贼船。一舟只负一人重。

很多人说自己婚姻不幸，其实是冤枉了婚姻。大多数人不是婚姻不幸，只是本来就过得不好，刚好结婚了，于是婚姻就背了这个"锅"。你是谁，就会遇见谁。婚姻的不幸，现状的不满，往往是你内在的残缺。

亲爱的朋友，无论你跟谁在一起，无论你选择一份怎样的事业，你最后遇见的都是自己，一个更加完整的自己。恋爱如此，事业亦如此。早一天明白这个道理的人，不仅会早一天看清世界，也会早一天获得真正的幸福。

生活就是一场修行，我们必须有一种直面自己、自我蜕变、自我成长的勇气。修行的最高境界，就是内心和谐，内在圆满。
每个人都必须完成这一场自我修行，然后才能享受到世界的美好。
否则，无论你换多少个伴侣、地方、工作，都是一样纠结。

婚姻的真相

其实，一个人幸福与否，与伴侣并没有太大的关系，更多取决于你自己。无论你和谁过，其实都是和自己过，这就是婚姻的真相。

我们都喜欢看童话，因为童话浪漫、唯美。王子和公主历尽周折终于生活在了一起，每个人都想这种故事发生在自己身上。

可惜，"童话都是骗人的"。王子和公主在一起了，故事总是讲到这就戛然而止，至于他们怎么幸福地生活下去，没有一个童话继续讲下去。

这个世界上，很多所谓美好的东西，就像一个美丽的泡沫，当你触摸到它的一刹那，它就立刻破碎在你面前。

如果两个人都带着浪漫主义进入婚姻，那么这桩婚姻一定是个悲剧，因为你们双方都还没有看懂婚姻的真谛。

婚姻是一场修行，不是一场享受。

婚姻的契约精神

婚姻是有一张凭证的，这说明婚姻是一种契约。既然是契约，就需要边界感和合作精神。婚姻的核心在于，老婆不要给老公当妈；老公不要给老婆当儿子。那彼此成为对方的什么呢？三个字——合伙人。

如果我们都能把对方当成合伙人一样去对待和尊重，这样的婚姻基本上可以稳定地持续下去，且对大家身心有益。

如果妻子是你的合伙人，你要是真敢好处占尽，还觉得理所当然，合伙人早卷钱跑了；如果老公是你的合伙人，你对老公百般无理取闹，动不动就给脸色，你的合伙人也早就甩手不干了。

大家都是人，没有人愿意干吃力不讨好的事，没有人愿意在一件持续投入还要受尽委屈的事上纠缠。

对于夫妻双方来说，大家都少一点自以为是，别把对方的付出视作理所当然，也别把自己的要求视作理所应当。很多夫妻看不到其中的问题，反而一直在抱怨对方的不是，耗尽自己一生的精力给对方打差评，何必呢？

当今婚姻关系中最大的问题就是，彼此之间没有边界感。在我们的教育理念和传统观念中，婚姻一直都被描述成双方的一种义务，需要相濡以沫，共同扛起责任。但没有人教会我们如何与对方划清边界。

即便婚姻中的两个人，也需要保持各自的独立与完整，在不随意干涉对方的情况下，表达自己的关心与支持。夫妻双方就像两个完整的圆，可以分开，也可以融合，融合之后也能分开，亲密却富有神秘，有边界却富有弹性。这才是白首不相离的基础。

婚姻就像两个人一起创业，双方成立一家有限责任公司，双方是大股东，父母和孩子是小股东。大家赚的钱都打到一个账户里去，那就是婚姻的账户。你每做一件有利于家庭的事，就相当于在这个账户里存了一笔钱，大家一起赚钱，一起花钱，创造和享受生活，皆大欢喜。但如果有一方觉得不公平，吃亏了，这个公司就面临解散。

婚姻不是只靠感情维系的，还要靠价值。价值是这个时代一个人的立足之本。永远牢记自己的核心价值，是我们获得良好社会关系的基础。

但是，婚姻还是有它神圣的一面，我们需要对它保持一定的敬畏之心，不能完全像经营生意一样去经营婚姻，因为它里面还包含了懂得、理解、欣赏。

这三者加起来就是爱。

爱，才是人生最美好的东西，是一切的升华。

深思见真知

投 射

————

人与人之间都是互相投射的。

我们欣赏一个人，不是因为他非常优秀，而是因为他身上也有自己类似的优点；我们看透一个人，不是因为他不会隐藏，而是因为他和过去的自己有相同之处。

为什么有的人总能让我们去欣赏呢？

其实，你欣赏的人的特质在你身上都有，只不过借助他显现出来了。这就叫"相似相映"原理。

别人只是一面镜子，投射出了你内心的美好。与其说我们在欣赏别人，不如说我们是在不断去发现自己的美好。你眼中的我不是我；我眼中的我也不是我；我眼中的你才是我。

一个人成熟的标志，就是发现别人对自己的评价，跟自己毫无关系。你只是他们的一面镜子，投射出了他们的内心。同样的逻辑，我们对别人的评价，也往往揭开了自己的内心世界。可能我们还意识不到，但是在高人眼里，我们已经暴露得一览无余。

吸 引

————

你是怎么吸引到身边人的？

因利益而来的，利益消失了，人也就散了，甚至会反目成仇；因感情而来的，感觉消失了，人也会离开，而且会心生落寞；因情欲而来的，激情消失了，人也就走了，甚至会因爱生恨。

唯有灵魂上的吸引，才是最久的关系，经得起利益和时间的考验。我们都在追求利益、刺激、情欲，但这都是很容易消失的东西，来得越快消失得越快。

人类永不落寞的追求，是对智慧的追求，是对美德的追求，而且它愈酿愈香。

说　话

————

总有人上来就标榜自己：我这个人说话比较直，你不要介意。

说话直的本质是自私，把说话直当成率真则是无知。

绝大部分人的知无不言、心直口快，都不是因为率真，而是因为自私和无知。

如果你给的建议是带刺的，还不如给别人安慰或者希望。能把嘴边的话咽下去，能把真相转换成别人容易接纳的意见，不仅是一种成熟，也是一种修养。

理　性

成功的人往往都是非常冷静、理性的人。他们安静、无情，却无比有力量。

越理性的人，活得越好；越感性的人，活得越糟糕。当然了，感性的人可能自己活得开心，但理性的人往往社会价值更大。

有句话叫：散发着理性的光芒，宇宙间一切事物皆是按照宇宙规律来运行的。一切事物皆有其产生的原因，皆有其变化的规律，如果我们带入个人喜恶和感觉，就越不容易顺从这个规律和规则。

所谓"无我"，就是放弃个人的情绪和情感，只用事实去判断，只依事实做决策。这就是实事求是，也是佛家说的"应作如是观"。

假如我想实现我期待的结果，我会用符合世界变化规律的逻辑开展行动，沿着结果去倒推，然后开创那个"因"，而不是用幻想、一厢情愿、乞求、强迫的方式去获得想要的结果。

选 择

———

2022 年的诺贝尔物理学奖，颁给了三位在量子信息科学取得重大贡献的科学家。

在研究了量子纠缠、量子叠加、量子坍缩之后，我有了新的思考。人的命运存在吗？或许存在，但它是不可窥探的，因为当你窥探清楚的那一刻，它立刻"坍缩"在你面前。因此，我们永远都无法知道我们的命运。一旦被你知道了，命运就"坍缩"了，这就是天机不可泄露，所以"算命"这件事的意义并不是太大。

不同的人生结局就像是平行宇宙一样，我们可能在某个岔路口就拐到另一个结局了。所以，每一个开始和结局都是同步发生的，每一个开始都对应一个结局。人生就是不断地掉进一个个开始和结局里。

我们当前的人生只是无数个结局的一种，是无法改变的。我们唯一能改变的是自己当下的选择，因为每一个选择都对应一个结局，这样看来，命运也是可以改变的。

人生，既可以随时改变，看上去又都是注定好的。这看似非常矛盾，但又符合世界的基本原理，那就是辩证关系；也符合量子世界的法则，既死又活、既此又彼、既是又非。

我们虽然不能靠窥探命运来改变命运，但是我们可以靠当下的选择来改变自己的命运。因为每一个选择都是一个岔路口，都通向了另一个结局。

选择什么呢？对外是选择做事方式，对内是选择自己的态度。这不就是《了凡四训》里教我们改命的两种方式吗？第一是积德，第二是改过。这两件事都在改变我们的心念。所谓一念天堂，一念地狱。心念一转，天地可以互换，乾坤可以倒转。

《西游记》里，唐僧西天取经的路程是十万八千里，孙悟空翻一个跟头也是十万八千里，为什么那么巧呢？其实就是在告诉我们一个道理：我们离灵山虽然很遥远，但是如果你能转念，瞬间即可抵达；如果你无法改变心念，就需要十万八千里，九九八十一难，历尽千辛万苦、遭受千刀万剐才可抵达。

"着相"

世人犯的最大的一个错误，是太"着相"。掉进名称、说法里出不来，并由此产生很多矛盾和争执。

六祖慧能说：真理犹如天上的明月，那些对真理的解释就像是用来指月的手指。我们问佛月亮在哪里，佛用手指着月亮，我们应该顺着佛的手指看月亮，而不是盯着他的手指不放，这就是"着相"了。

《楞严经》中说：如人以手指月示人，彼人因指，应当看月。若复观指，以为月体，此人岂唯忘失月体，亦忘其指，善乎。

"手指指月，指非月"此乃佛门公案，曾屡次于佛经中被引用。

也因此禅宗都是不立文字的，因为一旦有了固化的文字，就有了解读，有了解读就会有歧义。几千年来，人们争相解读经典，但常常掉进文字里而出不来了。

自强不息

———————

中国人自古以来最遵守的规律就是自强不息。人要自律、自立、自强，永远坚信只有自己能帮自己。

当你战胜心中的各种恐惧，战胜内心的胆怯和贪婪，学会独立思考，杀死各种焦虑，你就获得了自立。

当你参透万物的规律，能够依照规律办事，并且可以本自具足，随时照亮别人，你就成了大家最需要的人。

一个被大家所需要的人，本身就是"钱"，能像"钱"一样被大家追寻。这才是真正强大的人，活成一束光，照亮他人，照耀世界。

生命的升华

人生有两场重要的哭泣，第一场是生命的诞生，第二场是生命的升华。生命的升华就是觉醒。人一旦觉醒，往往会大哭一场。那种感受，仿佛自己将自己一拳击倒，击碎坚硬的外壳，撕开厚厚的执念，然后审视自己的灵魂。

原来，我们最大的敌人是自己。哭完大梦初醒，整个人的灵魂被洗涤一番，接纳了，淡定了，柔和了。

从今以后，你会接纳更多的人和事了，理解别人的不容易。有时放过别人，就是放过自己；跟自己和解，就是跟世界和解。原来，真正的人生，是从这一刻开始的。

人生最难得的事

人在什么时候最清醒？事故降临后，东窗事发后，大祸临头后，重病缠身后，遭受失败后，撞到南墙后。

人在什么时候最糊涂？彩票中奖时，春风得意时，来钱容易时，得权专横时，被人追捧时，走狗屎运时。

人就是这样，要么因为彻底的"失去"而变"清醒"，要么因为莫名的"得到"而"糊涂"。人生最难得的就是"拥有"和"清醒"同在。一边得到，一边清醒。

清醒和糊涂，谁会更幸福？

有句话叫，难得糊涂。

那么，清醒的人和糊涂的人，到底谁更快乐？

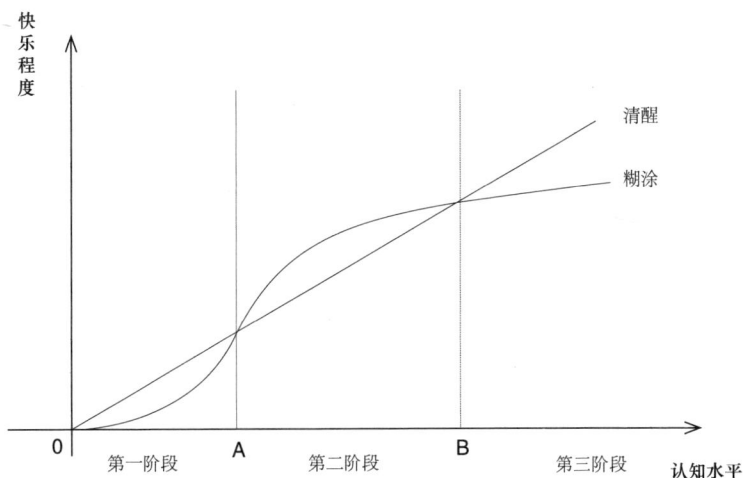

清醒和糊涂快乐程度示意图

这个问题得分三个阶段进行探讨：

在第一阶段，也就是人们在认知水平相对低下的时候，清醒的人更快乐，因为他们能看到很多东西。这就叫看山是山，看水是水。

在第二阶段，随着认知水平的提升，那些清醒的人反而开始痛苦，因为他们开始怀疑一切，否定了自己之前的很多认知，看似明白，却又不那么明白。这就叫看山不是山，看水不是水。这时糊涂的人更快乐，于是我们感叹，人生要难得糊涂。

在第三个阶段，随着认知水平的继续提升，那些清醒的人又开始快乐了，因为这时的他们终于拨开乌云见天日，看到了世界和人生的很多真相，不再充满疑惑，而是充满了淡定。这就叫看山还是山，看水还是水。

所以，人生并不是越糊涂越快乐，也不是越清醒越痛苦，关键看你处在哪个阶段。

很多人感叹，知道得太多，反而不快乐了。其实原因只有一个——你知道的还不够多，如果你能继续提升，到第三个阶段，就又快乐了。

有人说，人生保持在第一个阶段，做一头"快乐的猪"不也挺好的吗？

要知道猪养肥了是要被宰的。做猪的过程确实是无忧无虑的，吃吃喝喝、浑浑噩噩每一天，但是总有一天会被宰杀。

人们常说，人生有两种选择：一个是做"快乐的猪"，还有一个是做"痛苦的人"。这两个分别是第一阶段和第二阶段。其实人生还有第三种选择，那就是第三个阶段——"快乐的人"。

要想拥有快乐的人生，唯一的路径就是通过不断思考和学习，将自己的认知提升到第三阶段。这就是我们天天向上的源动力。

你站在3楼往外看，看到的是一堆乱垃圾；你站在10楼往外看，看到的是芸芸众生；你站在20楼往外看，看到的美景如画。因此，你的人生是一堆乱石头还是美景，取决于你自己的高度。

人生的最高境界，不是看清世界真相，而是看清真相后还依然热爱它。愿你翻越千山，归来仍是少年！

人在什么时候会大彻大悟？

一个人的彻悟，1% 靠别人提醒，99% 靠社会的千刀万剐。常言道，不撞南墙不回头，不见棺材不掉泪。绝处才能逢生，一个人只有被逼到绝路上才能"开悟"。能说服一个人的，从来不是道理，而是南墙；能点醒一个人的，从来不是说教，而是磨难。

只有当你爱错一个人，结错一次婚，生过一场大病，生意忽然破产，经历至亲的生死别离或背叛伤害时，你才能真正看透人生的真谛，才能看到世界的真相。

这也叫"劫难"。每个人都得"渡劫"，过去了就完成生命的升级，过不去就是你人生的天花板。

那些大彻大悟之人，往往都曾无可救药过，都曾被彻底抛弃过，或者都曾经历过世间最残忍的真相，只是他们又爬了起来。

记住，心不死，则道不生。

高　手

——————

容易被激怒的人，要么太脆弱，要么太敏感。他们一旦被激怒，就会被对方操控，别人只用情绪就可以轻易打败他。所以，要么自己强大，要么学会无视，这是一个高手必须具备的素质。

真正的高手都是内圣外王的。心中有佛，手中有刀；上马杀敌，下马念经；以菩萨心肠对人，用金刚手段做事；走心时不留余力，拔刀时不留余地。

能善人，能恶人，方能正人；不生事，不怕事，天下无事。

高手和凡人的区别

高手和凡人的区别在于，高手是境随心转，凡人是心随境转。

境随心转，就是环境可以跟着心动，无论外界的环境如何，只要练就一颗如如不动之心，就可以坦然处之，关键在于"调心"。

心随境转，就是内心需要一定的环境，才可以达到一定的状态，人心时刻受环境的影响，所以要不断地更改环境，关键在于"调境"。

高手可以做到心生万法。他们不是不信风水，不信命，而是他们明白，修心才是一个人的立身之本。

话说回来，一个人如果不懂得行善积德、修身养性，即便遇到了大师，也不可能三下五除二就改了你的命。

很多人把看风水和算命当成改变命运的捷径，以为不用成长、不用修心、不用创造、不用改变自己就可以把所有问题给解决了。永远记住《周易》里最核心的几个字：自强不息，厚德载物。

开明的家长

────────

你可曾想过，你的孩子，其实并不属于你。

他们并不是为你而诞生，他们是因为对生命的渴望而诞生的，然后通过你来到了这个世界。

真正开明的家长，是帮孩子成为他们自己，而不是成为你想成为的人。

你可以给予爱，因为他们会加倍返还，但是你不能强加给他们你的想法，因为他们最终都会形成自己的思想。

你可以庇护他们的身体，但不要试图去圈养他们的灵魂。你内心的残缺只能靠你自己弥补，你有你的重任，他们也有他们的使命。

记住，你们是互相独立的。

不同的圈层

不同的人处于不同的圈层。

打工人的圈层，谈论的是电视剧、娱乐节目、家长里短；最喜欢的是短视频和游戏；赚的是工资和提成，会计较多几百元少几百元；思考的是吃什么、穿什么、如何应对老板。

生意人的圈层，谈论的是产品、渠道、资源、下一个风口；赚的是利润和差价；每天不停地在市场上奔波，大家一起抱团取暖。

创业者的圈层，谈的是行业、模式、价值；思考的是迭代和升级；赚的是估值；往往互相交流和鼓励，保持学习和精进。

投资者的圈层，谈的是眼光、政策、趋势、全球化；思考的是人性和社会本质；研究的是资本运作；赚的是市值；时刻保持在认知的最顶端。

思想者的圈层，谈论的是认知、思想、哲学；思考的是人类文明走向；赚的是历史名声；擅长的是布局和传道。

每个人必须搞清楚这三个问题：

一、你在哪个圈层？

二、如何突破自己的圈层？

三、需要向哪个圈层的人学习？

未来的世界，不同的圈层就像不同维度的空间。认知改变命运，圈层决定命运。

智慧、爱和能量

现代人有个问题，是没有"能量源"。我们每天都在劳碌奔波，都会消耗自己的能量，哪怕起心动念也是一种能量的消耗。所以，每个人必须拥有自己的"能量源"，并及时地从外界汲取能量，否则能量级别就会越来越低。

要知道，人的能量分为两个等级，初级的能量从睡眠和食物中获取；高级的能量从智慧和爱中获取。

睡眠和食物是每个人的必备；智慧和爱则是我们最需要追寻的东西。

那么，去哪里寻找智慧呢？有两种方式：第一种是读最经典的书。所谓"经典的书"就是那些流传了几百上千年的书籍，它们往往蕴含了人类有史以来最伟大的智慧。第二种是向高人学习，读万卷书不如行万里路，行万里路不如阅人无数，阅人无数不如高人指路。有时高人的指点可以让我们茅塞顿开。

那么，又去哪里寻找爱呢？也有两种方式：第一种是大爱。一个人活在世界上有没有被爱包裹的感受，这一点很重要，这就取决于一个社会有没有人文关怀。第二种是小爱。一个人能不能真正跟自己相知相爱的人一起生活，能不能遇到真正懂自己、理解自己、支持自己的人，两个人互相赋能。

　　智慧、爱和能量，是这个世界上维度极高的三样东西。我们越接近它们，就越充满无限的力量。

答案和问题

———————

答案永远比问题高一个维度，在同一个维度是找不到答案的，只能靠升级维度寻找。

当你觉得需要提升某种技巧的时候，比如写作和演讲，其实是需要提升思想和认知了，因为思想比技能高一个维度。

当你觉得需要提升营销能力的时候，其实是需要提升战略了，因为战略比营销高一个维度。

能够跳出问题看问题，站在高维看自己，这是非常了不起的能力。

磨难和南墙

———————

能点醒一个人的，从来不是说教，而是磨难；能说服一个人的，从来不是道理，而是南墙。成年人之间只能筛选，不能教育。

人教人，屡教不会。事教人，一次就够。吃亏和吃饭一样，吃多了自然就会成长。要么上课，要么上当；要么被教育，要么被教训。

认知和世面

一个人的认知，非要靠大量的阅历吗？一个人的世面，非要靠很多的经历吗？

《论语》里有句话：生而知之者上也，学而知之者次也；困而学之，又其次也；困而不学，民斯为下矣。看来大部分人的认知都是靠学习和阅历换来的，还有很多人是通过教训和困难换来的，但是极少数人是天生就知道的。

《老子》里说：不出户，知天下；不窥牖，见天道。其出弥远，其知弥少。是以圣人不行而知，不见而明，不为而成。意思是，真正厉害的人，足不出户，照样可以知天下事；不去窥探窗外，照样可以看见天道；有时候你走得越远，反而知道得越少。对于这些厉害的人来说，并不是靠去做了才知道，不是非要去亲眼见了才能明白，不是靠亲力亲为才能成功。

《金刚经》说：凡所有相，皆是虚妄。若见诸相非相，即见如来。意思是，凡是用眼睛看到的都是表象，如果能从各种表象背后参透真相，那就相当于心中有佛了。

什么才是真正地见过世面？并不是去某个高级餐厅吃个饭，也不是去世界各地旅行了一圈，更不是跟某个名人有过合影，就能算见过世面了。

所谓"见过大世面"，是你悟到了社会的真相和人性的规律。当你看到真相和人性在你面前徐徐展开的时候，你是淡定且坦然的，因为这些都在你的意料之中。真相，不是用眼睛看到的，而是用心感知到的。看到的是常识，是表象；悟到的才是认知，才是世面。

思维开放和思维封闭

学习的目的，不只是为了获取知识，更重要的是为了让自己保持思维开放。获取知识的能力，比知识本身更重要。而只有思维开放的人，才可以随时获取各种知识。

人与人最大的区别，就是思维模式的区别。有的人思维开放，有的人思维封闭，两者的状态和结果差异非常大。

思维封闭的人有什么特点？他们敏感、多疑，总认为外界在入侵自己，时刻都是提防的姿态，本能地喜欢反驳别人的观点，需要证明自己的正确性，内心自卑、思想保守，有强烈的主观意识。

思维开放的人有什么特点？他们比较自信、谦卑，对外界的包容性很强，时刻都是接纳的姿态，能理解形形色色的人和事，能够换位思考、就事论事。

思维封闭的人固步自封，为了保持自我，要把自己牢牢锁住；思维开放的人包罗万象，随时都在做迭代和升级的准备，和世界保持同步。

跟一个人交流,可以在很短时间内判断对方的思维是封闭的,还是开放的。这一点其实很重要,因为一个人只要思维封闭了,就活在自己的世界里出不来了,很多问题就产生了……而一个人只要思维开放了,他会很容易化解各种问题。

思维封闭的人,更多的精力都在内耗,因为他们被局限在一个角落里,往往是自己跟自己较劲,"我执"很重;思维开放的人,可以把精力一致对外,因为他们早就跟自己和解了,没有什么执念。

让自己的思维保持开放,是成功者必做的功课。很多有名的企业家、政治家为什么已经很成功了,还需要拜访高人、结交牛人、寻找老师?因为只有这样,他们才能让自己的思维保持开放。

打开自己的思维,随时接收各种信息、容纳别人的缺点、吸纳别人的建议,不断地审视自己、革新自己、迭代自己,是我们一生的功课。

知道和做到

经常有人这样说："知道容易，做到太难。"或者会说："我知道了，但还是做不到。"

为什么很多人知道那么多道理，依然过不好这一生？原因很简单：大部分人的"知道"是一个假象。其实真正的"知道"远比"做到"更难。

举两个例子大家就明白了：

第一个例子，你很想成为世界冠军，于是你问刘翔怎么跨栏。刘翔总结了三个步骤，怎么起步，怎么抬腿，怎么落脚。你牢牢记住了这三点。那么问题来了：你即使知道该怎么做，但是你依然跑不出他的成绩。

第二个例子，你在跑步的时候，知道自己是先迈左脚还是先迈右脚吗？知道自己是手先动还是脚先动吗？很多人肯定都没在意这些细节，也不知道这些细节，但能确定的是：你会跑步。

那么问题来了，你即使不知道怎么跑步，却明明会跑步。有些事你即使"知道"了，却还是做不到。有些事你虽然不知道，却可以做到。其中的逻辑在于，不是从外面获取一个道理、经验、知识等，就叫"知道"了。只有当一种行为成为你的本能的时候，才能叫知道。而你的那些本能，具体是怎么运作的，往往只可意会不可言传。无论你怎么总结它，你总结出的答案往往都是词不达意的。

刘翔是怎么跨栏的，姚明是怎么投篮的，李小龙是怎么出拳的，其实他们也不知道其中的细节。那是他们长期练习的结果，把动作和身体融为了一体，最终成为一种"本能"。

但你非要他们总结出个一二三点，他们只能机械性地总结给你。他们的经验和技巧，是最适合他们自身情况的，你要是直接拿去用，不见得能成功。

同样的道理，很多人的成功，根本就不是他们总结出来的那样简单，其中是有很多复杂的原因和要素的。为了总结经验，往往需要忽略掉很多细微要素，但是任何一个细微要素都可能成为决定成败的关键。因此，总结出来的经验，往往不是真正的经验。

王阳明的"知行合一"，意思其实是，真正的"知道"是和"行为"统一起来的，知道即做到。只要你能"知道"，一定可以"做到"。你之所以做不到，就是因为你不知道，你所谓的"知道"只是自己认为的知道而已。

比如，拿起笔就认为自己在写作的作家，充其量是个二流的作家；拿起笔就认为自己在画画的画家，充其量是个二流的画家。为什么呢？因为他们还没到那种"人剑合一"的境界。到了这种境界的人，根本不需要考虑怎么做，根本不知道自己在写作或画画，随手就来！

这就是"本能"。

再比如，一个好的足球教练是怎么选足球运动员的？他往足球场上一站，看着两个球队踢球，只要看每个球员的状态就知道这个人能不能培养，而不是让每个球员都踢几下球给他看看。一个球员需要在什么时候站什么位置，这是一种"意识"。这种"意识"往往比具体某个技巧更重要。

这也是一种"本能"。

什么才是真正的知道？

真正的知道，就是你不知道自己知道了。请大家记住这句话，知道的最高境界是不知道自己知道。一旦你认为自己知道了，说明你其实还没有知道。只有当你不知道自己知道的时候，你才是真正的知道。

所以，凡是一个人说自己知道但做不到的时候，他一定是还没有知道。因为真正知道的人，都认为自己是不知道的。

这就是一种混沌的状态。混沌和无极，才是事物的最高境界。

再比如，真正人间清醒的人，表现出来的状态一定是糊涂的。而那些声称自己已经清醒的人，说明还没有清醒。

《道德经》里有一句话：知者不言，言者不知。可以理解为，真正知道的人，因为明白真正的东西是无法表达出来的，所以他们就不说了；而那些在说的人，往往都是不知道的。

《金刚经》里说：一切有为法，如梦幻泡影，如露亦如电，应作如是观。意思是，一切能够表述出来的方法，都是可以随时不成立、随时失灵的。因此，我们不能被"方法"本身束缚，而是应该努力掌握方法背后的"精髓"。

《道德经》里还有一句话：道可道，非常道。意思是，凡是能用语言表达出来的道理，都不是永恒的道理，都是可以被攻破的，总有它不成立的时候。

佛家还有句话：智慧不可传。知识和经验可以传授，但智慧是传授不了的，它只能靠自己去悟。学到的是知识，悟到的才是智慧。

"知道"这个词说起来容易，我们几乎每天都在说，但是真正地做到"知道"太难了。即便抛弃"本能"这个层面，只从"认知"层面去分析，真正地做到"知道"也很难。因为知道的"道"，就是老子说的那个"道"。道是规律，是原理，是本质，是真相。只有当我们通晓到这个层面的时候，才能叫"知道"。

最后，请大家记住两句话：

第一句：获取知识的能力，比知识本身更重要。学习的目的是为了打开自己的思维，健全自己的思维模型，让自己随时处于开放和迭代的状态，这样就可以随时随地获取知识，而不是为了知识本身。

第二句：别人告诉我们的道理，和我们所学到的一切知识与技巧，其实并不属于我们。只有在某一刻，它与我们的经历结合，成为我们本能的时候，才能真正成为我们的东西。

以后但凡有人跟你说："我知道了，还是做不到。"你就这样反问他："你确定自己已经知道了吗？"

哲学和"鸡汤"

———————————

哲学和"鸡汤"有什么区别呢？

举一个例子：比如这句话——你们都要听好了，无论你现在吃了多少苦，遭受了多少人的背叛，世界总有一天会加倍补偿给你的。

这就是典型的"鸡汤"。这句话就是完全没有逻辑的，也经不起推敲。凭什么你现在吃苦，世界就一定会补偿给你？这两者没有必然关系。

"鸡汤"省去了论证过程，一味地去安抚你的内心，让你得到心理上的安慰，内心的堵塞瞬间得到了释放。

因为很多人在现实中已经是千疮百孔了，但又无力改变现实，还不愿意去深度学习和思考，于是特别需要找到一种心灵寄托，来抚慰自己脆弱的内心。心灵"鸡汤"因此越来越多，越来越流行。

但哲学不一样，它们往往是枯燥乏味的，但通常会让你明白很多残忍的真相和底层逻辑。如果你想改变，就得从底层逻辑开始改变，必须付诸行动，要足够刻苦和努力，但是因为这个过程太艰辛，而且真相往往太残忍，很多人不敢去面对，没有足够决心去改变，干脆就知难而退了。

哲学立足于世界的客观逻辑，它往往残酷、无情、深奥，需要思考，它以辩证的方式让人了解宇宙的规律和原理，是一种使人聪明、启发智慧的学问。

心灵"鸡汤"是一种语言的艺术。它温暖易懂、朗朗上口、不需要动脑。在人们心情抑郁时，"鸡汤"能稳定人的情绪，使人的情绪得到释放，获得短暂的心灵慰藉。

哲学需要经得起严谨的论证和探讨，让人们看清世界的真相，洞察万物的运作规律，帮你形成一眼看到本质的能力。它由于过于真实，往往会戳中内心，让我们陷入沉思，但它对现实生活有指导意义。

"鸡汤"不需要原理和逻辑，当人们在困苦、挫折、失意时，它的价值是给予短暂的心理安慰，让我们燃起激情，浑身都是莫名的冲动。

读哲学的时候晦涩，但是读过之后回味悠长，让人通透，甚至顿悟；“鸡汤”读的时候特别爽，但是读完之后又陷入空虚，只是人也容易对这种短暂的刺激上瘾。

哲学是难学易用，它使一个人眼光越来越锐利；“鸡汤”是易学难用，它的门槛很低，不需要深度思考和归纳总结，每个人都可以套用它，都能信手拈来几句，但就是无法改变现状。

哲学是小众的，毕竟热爱思考的人是少数；所以只有少数人才能看清世界的真相。“鸡汤”是大众的，毕竟喜欢热闹的人是多数；所以大多数人都活在假象里，活在美丽的幻想中。

哲学是形而上的思考，在这个物质主义的世界里，它能让我们的精神得到升华，从而充满踏实感和幸福感，有一种“一览众山小”的洒脱。“鸡汤”是心理按摩，在这个生活节奏越来越快的时代，我们的压力无处释放，偶尔也需要喝点“鸡汤”减减压。

哲学的价值在于提升认知；“鸡汤”的价值在于心理安慰。

“鸡汤”喝起来是毫不费劲的，每个人都可以干上几大碗，但是提升认知是需要深度思考的，也是需要直面残忍的现实的，包括自己的无知。

　　"鸡汤"最典型的代表就是一些粗制滥造的短视频。很多短视频就是在网上搜集各种新鲜概念，再配上令人激动的音乐和绚丽的画面，不断刺激你，让你热血沸腾。其实你只不过是被它们撩动了情绪而已。

　　纵观人类历史，像苏格拉底、柏拉图、亚里士多德、叔本华、尼采、马克思等大哲学家，其思想就像一座灯塔，照亮了人类前行的路；而很多成功学大师、培训大师早就跑路的跑路，坍塌的坍塌，只留下一地鸡毛。

人类的"娱乐至死"

如果说电报把"文化"变成了一种爽口的快餐，电视则是把这种快餐变得更多更"好看"，且更易获得。互联网时代把这种全民娱乐演绎得更加疯狂，因为互联网时代最具革命性的特征是让制作内容者也大众化了。

在电报和电视时代，我们所能欣赏的内容至少都是机构出品的。机构需要具备一定的门槛、水平、资质，且被相关部门所监管。但是在互联网时代，每个普通人都可以创作内容，比如博客、微博等。

于是，制作信息和接受信息的双方都变成了大众，信息传播得更快，因为各种互联网热点事件层出不穷，大家每天都在忙着当"吃瓜"群众。

再后来就是现在的手机短视频时代了，各色人物轮番登场，庙小妖风大，水浅王八多。这些"网红"、主播、培训大师竭尽所能地吆喝、表演，疯狂压倒理性，娱乐取代思想。

更重要的变化是，在互联网时代，是我们主动选择去看内容，但是有了互联网时代的算法推荐，我们已经不需要做选择了。大数据知道你喜欢什么，你越喜欢什么，就越给你推荐什么。于是，每个人沉溺在自己的世界里，不可自拔。

《娱乐至死》一书中说：有两种方法可以让人类的文明枯萎，一种是让文化成为一座监狱，另一种是让文化成为一场表演。

如果你发现自己毫无招架之力，至少你还能做三件事：拔掉插头，关上电脑，放下手机。

大部分人开始随波逐流，沉溺于眼前的快乐，放弃了独立思考的能力。只有少数人能坚持自己，他们不被带偏，坚持独立思考。他们才是文明的火种，也是人类社会的引领者。

希望你能成为那少数人。

人类的"自我救赎"

在这个快节奏的时代，我们存在的意义究竟是什么？难道就是为了不停地赚钱，然后不断地购买和更换豪车豪宅、奢侈品？为什么我们一刻也停不下来？

我究竟是谁？我的价值是什么？我活着为了什么？早一天把这三个问题想通的人，早一天获得幸福，否则就会陷入无尽的精神旋涡。

我们总认为世间绝大多数烦恼是没钱带来的，所以我们一直拼命赚钱。但我们不明白，很多问题根本不是钱的问题，比如癌症、抑郁、自闭、焦虑、情绪低落、没有存在感和价值感、找不到人生的意义等。

在物质匮乏的时代，我们最担心的是生存的问题，比如吃不饱、穿不暖、没地方住等；而当社会物质繁荣到一定阶段，人们在解决了生存问题后，最迫切需要解决的问题，就是精神上的归属感和存在感。

为什么现在很多人的灵魂无处安放？因为他们在时代的断层

中找不到自己的定位和价值感。

人们从未像现在这样，对虚拟世界如此热情，却又对身边人如此冷漠。现在的年轻人即便在一起吃饭聚会，也基本都是各自玩各自的手机。

科技让我们离得如此近，又让我们离得如此远。这是进步，还是退步？

一个社会的商业越繁荣，人们就越焦虑。商业的本质，就是制造和贩卖焦虑。比如，教育机构在制造升学焦虑；整形医院在制造容貌焦虑；房产中介在制造买房焦虑；保健商家在制造健康焦虑；培训机构在制造知识焦虑……

整个社会充斥的全是焦虑情绪，我们怎么才能独善其身呢？

遍地钢筋混凝土又如何？森林般的高楼大厦又如何？日新月异的新发明又如何？它们始终是冰冷的。人们需要的是温情，是关怀，是温柔以待。

未来，我们该怎么办？

我们首先要知道，劳动将成为一种基本需求，而不再是谋生的手段。未来如果一个人不去生产劳动，他将找不到生存的意义，从而引发精神上的极度空虚。这种精神上的空虚才是每个人最需要提防的问题，它将使人陷入极度的焦虑和无助。唯有不断劳动和创造，才能使一个人精神和灵魂上充实起来，才能让一个人找到活着的意义。

接下来，未来每一个人必须学会修心。未来一个人的结构怎么设计最厉害？最核心的是心力，往外一层是认知力，再往外面一层是执行力。请记住，心力比认知力、执行力更重要。

心力包括三方面，一是内心是否强大；二是情绪是否稳定；三是心理是否健康。拥有一颗强大且健康的内心，是一个人的立足之本。

奋斗的意义

在之前的时代，一个人要想赚到大钱或者改变命运，往往需要依靠这三大因素——机遇、胆识和资源。

但是现在，这三大要素被——化解了，具体来说是这样的：

当信息越来越对称，机会越来越平等，机遇就失去了作用。当分工越来越细致，法律越来越完善，胆识就失去了作用。当人口往大城市集聚，制度越来越公开透明，资源也失去了作用。

未来一个人要想改变命运，就要依靠三大新要素：

第一是认知。

当信息对称的时候，认知就更为重要了。因为认知是对信息的解读，同样的信息在不同的人看来，能解读到的层次是不一样的。有的人一眼看到本质，有的人始终被表象带偏。跟认知相比，知识、经验、技能都不算什么。知识随时能靠网络搜索获取；技能也可以被机器人取代。只有认知这种抽象的洞察能力，是不可取代的。

第二是价值。

认知是主观的，价值是客观的。认知是对内的，价值是对外的；认知是过程，价值是结果。未来我们赚的每一分钱都是我们创造价值的变现，一个社会越发达，一个人能赚到的钱就越接近他创造的价值。而且，也只有这样才能实现社会的公平。

这也让那些投机者无处遁形。一个没有投机者的社会，才是最好的社会。因为在这样的社会里，大家都是比拼自己创造了多少价值，而不是得到了多少财富。

第三是劳动。

在一个成熟的社会里，大家崇尚的是勤劳致富，而不是整天幻想一夜暴富、不劳而获。

过去的确有一大批人赶上了好时代，莫名其妙地就获取了财富，但是这群人现在也基本"吐"得差不多了。

中国有句话说，勤劳致富财运久，取巧豪夺必招祸。

我们现在正逢百年未有之大变局，这个变局的本质就是社会财富重组的过程。就是要让每个人的价值都能配得上自己的财富。这也是财富的均值回归，一个社会无论经历了什么，一定会完成这个过程。这就是我们奋斗的意义所在。

最深的"套路"

深夜刷短视频，突然刷到一个"00后"在晒自己的成功：

18岁通过互联网赚到了第一桶金，买了兰博基尼；创业五年三次抓住风口，这一次又抓住了最大的风口；他说：自己赚钱不过瘾，想带身边的朋友一起赚钱，想一起赚钱的朋友可以发个私信。

于是，我在后台留言："老板能不能带带我？""当然能带，没有什么是不可能的！""怎么加入？""你先花8888元加入我的私董会。"

我毫不犹豫入了会员，并且到了现场培训。我身边还有几十个同样有"发财梦"的年轻人。

好不容易等到偶像出来现身说法：

第一步：先申请一个抖音号，拍一些华丽的视频，使劲给自己"贴标签"，比如总裁、成功、有钱、财富自由、豪车豪宅、身家过亿；使劲给自己塑造人设，比如爱学习、上进、本可以靠脸偏要靠实力、本可以靠家里偏要靠自己。

第二步：告诉大家成功之后太寂寞了，自己成功不算成功，大家一起成功才叫成功，想带身边人一起发财，想成就更多的人。

第三步：把公域流量变成私域流量。凡是想加入的人，都引导他们加微信，然后进入自己的社群，最后让他们加入付费的"私董会"。

然后就是不断重复上述步骤。

我听后恍然大悟。

这"套路"太深了，我不知不觉成了他们的"韭菜"。

原来，赚钱最好的方式，是去赚那些总想一夜暴富的人的钱。他们被欲望冲昏了头脑，最容易上钩。你只要善于包装一下自己，勇敢地吹嘘自己，就一定能把他们吸引过来，一网打尽。反正他们不在这里上钩，也会在其他地方上钩。

再比如，之前有一种"名媛会"，就是先把自己包装成名媛，然后不断地参加各种社交聚会，去吸引那些想成为名媛的人，让她们入会，赚她们的钱，再去吸引更多想成为名媛的人……

只不过之前都是在"线下"收割别人，通过培训班去收割别人，而现在都搬到了"线上"，通过短视频、直播去收割那些总想不劳而获的人。

真正在赚大钱的人，一般没有闲工夫教人去赚钱，他们即便是想教别人，也是想提升别人的认知，而不是直接教别人去赚钱。因为真正"得道"的人都是在"传道"，而不是传授技巧。

那些打着教你如何去赚钱旗号的人，往往就是想赚你的钱。为什么开赌场的人往往自己不赌博？为什么教人炒股的人往往自己不炒股？

为了便于让大家理解，再给大家举个例子：

假如有人告诉你：你只要给我 100 元，我就教你马上能赚1000 元的方法，你愿不愿意？绝大多数人都会愿意，因为马上就能赚钱，当然需要这么落地的方案啊。当你把 100 元交给他的时候，他会告诉你方法：去找 10 个像你一样的傻瓜就可以了。

这个逻辑看似如此合理，却又如此荒唐，而且这一招早就被各种培训机构、传销机构、招商加盟机构等学会了，并使用得淋漓尽致。

如今这个"套路"也在往"线上"转型，成了短视频里最深的"套路"。

世界上最昂贵的税叫"认知税"。一定要记住这句话：那些赚大钱的人都在闷声发大财，生怕别人知道自己发财，从不声张。而那些标榜自己赚了很多钱，并且口口声声要带你赚钱的人，往往打着带你赚钱的名义收割你。

如何摆脱"消费陷阱"

商家需要不断地贩卖焦虑和欲望，不断地刺激你、撩拨你，让你求而不得、想而不能，然后不断去消费，才能赚钱。

怎么才能摆脱"消费陷阱"？

只有一种办法，你对生存之外的物质无动于衷。这时，他们就无法对你标价了，因为无法衡量你的需求，也就不知道怎么才能满足你，从而无法操控你。这是一种自由。

这需要强大的内心以及强大的独立思考能力，这样的人一旦变多了，社会的价值观就会多元化。每个人活出自己，和而不同，也符合中国人对美好世界的追求。

一个成年人，完全可以先实现心智上的成熟，然后再去奋斗，寻找自己的理想，顺便赚点钱。

认知的三个层级

——————————

认知有三个层级。

第一层：诸葛亮明知城是空的，却可以故作淡定。第二层：司马懿明知诸葛亮使出的是"空城计"，却还故意不捉他。第三层：诸葛亮明知司马懿识破了自己的"空城计"，却还可以继续淡定。

也可以这样理解：第一层：诸葛亮在撒谎。第二层：司马懿知道诸葛亮在撒谎。第三层：诸葛亮知道司马懿知道自己在撒谎，但是他还是可以淡定地撒谎。

因为司马懿明白一个道理：自己与诸葛亮同在。最关键的问题是，诸葛亮也明白司马懿明白这个道理。双方的较量不在战场，而在千里之外的朝堂，这是最高境界的默契。

人生的最高境界，是看透世界的真相后依然热爱它。那些能够带领大家看到希望的人，就是这个世界真正的英雄。

最后，我仍然忍不住想提醒一下大家：人生最难得的，不是你经历风雨后看透了真相。人生最难得的，是在你看透真相后，还能守住那颗初心。忘掉真相，回归初心，你就彻悟了。

看见的三层境界

每个人看到的东西不一样。我们能看见的可以分为三层境界。

第一层境界，就是肉眼凡胎、凡夫俗子只能看到最表层的"相"。普通人生于无明，困于"着相"，不断地被表层的"相"所迷惑，遭受无明之苦。所谓的"不着相"，就是冲破肉眼的束缚。

第二层境界，穿过表象看本质，能一眼抓住事物精髓。哲学、历史、心理学都能帮我们打开"道眼"。中国人喜欢说"求道""问道""得道"。"得道"就是打开"道眼"，再复杂的世界都会被我们明察秋毫。一个人要想成功，必须打开"道眼"。

第三层境界，可以穿透时空，不再受时空限制，能直接站在高维看低维。

举个例子，普通人只看到苹果落地，牛顿却看到它的背后是万有引力，后来爱因斯坦则直接超越了现实的限制，看到时空也可以弯曲，时间也可以被改变。

绝大部分普通人，都是在第一层境界，除非能迷途知返，否则很难走出认知的"牢笼"，苦海无边。但只要不再困于"术"，潜心总结，勤于思考，就可以慢慢接近"道心"，就能到第二层境界，这也是在俗世取得成功的根本。极少人可以通过精进达到第三层境界，一旦达到这个境界就可以见微知著。

人生的三次转折

人生有三次大转折，每次都是一场大升级。

第一次大转折：摆脱了现实对自己的束缚，不再为了钱日夜奔波，实现了物质独立、精神独立、人格独立，成为一个相对自由的人，开始思考精神方面的需求。

第二次大转折：发现了自己的天赋，找到自己活着的意义和使命，就像刘翔找到跨栏、姚明找到篮球、谷爱凌找到滑雪一样，满腔热情地投入其中，直至取得了不起的成绩。

第三次大转折：看透了世界、生命的真相，走向了觉醒、"开悟""得道"，能够从高维俯瞰众生。宠辱不惊，看庭前花开花落；去留无意，望天上云卷云舒。

每一次大转折，都是生命自由度的升级。

每个生命都会觉醒，只不过绝大部分人的觉醒只在临死的那一瞬间，只在生命的最后一刻看透人生的真相，但为时已晚。

共鸣的三个层次

共情的能力，也就是"同理心"，是指随时随地可以跟对方同频共鸣的能力。

共鸣有三个层次，分别是第一层：情绪共鸣；第二层：价值共鸣；第三层：精神共鸣。

如果你能在精神层次跟对方共鸣，对方的心会瞬间被你感化，彻底放下姿态，与你赤诚相见。

同理心的本质其实是一种慈悲心，因为你经历过很多苦，才能明白他人的苦，对他人的现状感同身受。

众生皆苦。因为慈悲，所以更容易懂众生的苦；因为懂得，所以才能感化更多的人。

图书在版编目（CIP）数据

人间清醒 ：底层逻辑和顶层认知. 2 / 水木然著
. — 杭州 ：浙江人民出版社，2023.5（2023.7重印）
　ISBN 978-7-213-11059-7

　Ⅰ. ①人… Ⅱ. ①水… Ⅲ. ①人生哲学—通俗读物
Ⅳ. ①B821-49

　中国国家版本馆CIP数据核字（2023）第067322号

人间清醒：底层逻辑和顶层认知·2

RENJIAN QINGXING : DICENG LUOJI HE DINGCENG RENZHI · 2

水木然　著

出版发行：浙江人民出版社（杭州市体育场路 347 号　邮编　310006）
　　　　　市场部电话：（0571）85061682　85176516
责任编辑：陈　源
营销编辑：陈雯怡　赵　娜　陈芊如
责任校对：何培玉
责任印务：幸天骄
封面设计：厉　琳
电脑制版：浙江新华图文制作有限公司
印　　刷：杭州富春印务有限公司
开　　本：880毫米×1230毫米　1/32　　印　　张：7.875
字　　数：148千字
版　　次：2023年5月第1版　　　　　印　　次：2023年7月第2次印刷
书　　号：ISBN 978-7-213-11059-7
定　　价：58.00元

如发现印装质量问题，影响阅读，请与市场部联系调换。

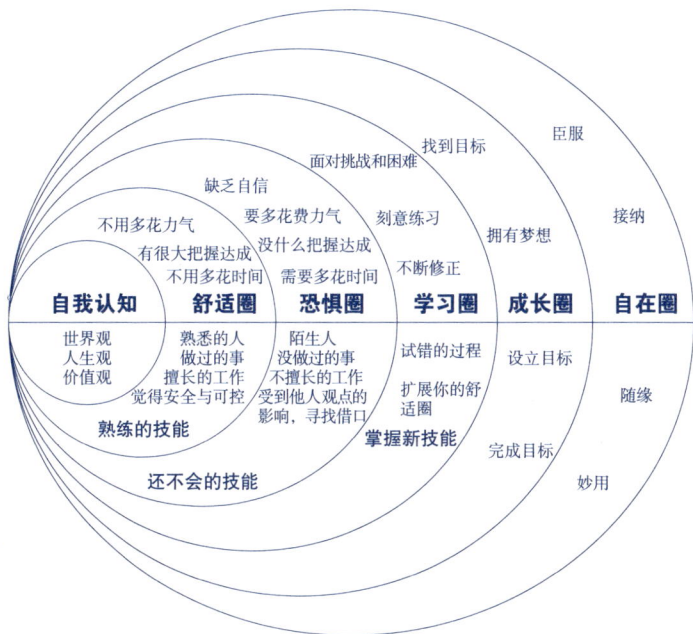

| 自我认知 | 舒适圈 | 恐惧圈 | 学习圈 | 成长圈 | 自在圈 |

缺乏自信

面对挑战和困难

找到目标

臣服

不用多花力气
有很大把握达成
不用多花时间

要多花费力气
没什么把握达成
需要多花时间

刻意练习

不断修正

拥有梦想

接纳

世界观
人生观
价值观

熟悉的人
做过的事
擅长的工作
觉得安全与可控

陌生人
没做过的事
不擅长的工作
受到他人观点的
影响，寻找借口

试错的过程
扩展你的舒
适圈

设立目标

随缘

熟练的技能

掌握新技能

完成目标

妙用

还不会的技能

人生，就是一个不断突破认知的过程

钱的背后是：产品和服务。

产品和服务的背后是：心性。

心性的背后是：修为。

修为的背后是：道。

一个人要看清楚世界的真相，
有两个途径：
第一，足够聪明；
第二，足够善良。

认知最高，能力其次，
财富再次之，欲望最小，
这是幸福感最高的结构组合。

未来得到一件好东西
（机会、职位、工具）的最好方式，
就是让自己通过努力配得上它。

个人发展规律：

短期拼机遇，中期拼能力，长期拼人品。

商业发展规律：

短期拼声势，中期拼模式，长期拼产品。

一切竞争归根结底是"人品"和"产品"的竞争。

人一旦清楚了内心的阻碍，
就能超越现在的自己，成为更好的自己。
先搞懂自己，才能搞懂别人；
先搞定自己，才能搞定别人。

世界上所有美好的关系，只发生在成熟的个体之间。

所谓成熟的个体，也就是实现了三个独立：财富独立、人格独立和精神独立。

成熟的爱情是两个独立个体的
相遇、欣赏和支持。
恋爱的本质是情感交换；
婚姻的本质是价值交换。

向内求，向外修。

金钱和权力一样，是人性的放大器，
让人活得更接近真实的自己。

对抗熵增有五个方法：

一是保持开放；二是终身学习；

三是坚持自律；四是远离舒适；

五是颠覆自我。

利润降低不是商业衰退的结果，
恰恰相反，这是商业繁荣的必然结果。

神通敌不过业力，业力大不过愿力。

人的安全感和幸福感，往往来源于确定性，
但是世界的不确定性越来越强。
我们对自己越来越确定，
就越不用担心世界的不确定性。

见众生

接纳人性的弱点，开始理解并拥抱他人。

见天地

洞察世界的真相，
按照规律去做事。

见自己

发现自己的
局限，开始
自我审视和
反省。

人生的三次觉醒：

第一次：见自己，可以明归途，所以豁达。

第二次：见天地，可以知敬畏，所以谦卑。

第三次：见众生，可以懂怜悯，所以宽容。